鳥類專科獸醫監修！

鸚鵡
飼育小百科

從飼育、訓練
到與鸚鵡
相伴一生

濱本麻衣／監修
邱鈺萱／譯

動作都好可愛

只是轉個頭就可愛到爆表

虎皮鸚鵡

有時候會看到鸚鵡歪頭的樣子，這種好奇的模樣超可愛。

秋草鸚鵡

桃面愛情鸚鵡

黑頭凱克鸚鵡

羽毛多彩的顏色美麗到令人驚豔

紅領虹彩吸蜜鸚鵡

黑頂吸蜜鸚鵡

綠頰鸚鵡

羽毛顏色相當豐富，這還只佔了一小部分，從南國風味的絢麗彩色到淡雅的粉紅色。

這、這麼毫無防備，真的可以嗎？

鸚鵡如果信賴主人的話，會露出自己的肚子。

虎皮鸚鵡

雞尾鸚鵡

鸚鵡很喜歡被溫柔地撫摸！還會低下頭催促主人哦。

姿勢和

連睡覺的模樣也令人愛不了！

鸚鵡正在睡覺的模樣，
不論看幾次都不會膩。

桃面愛情鸚鵡

想不到這麼靈巧！

單腳站立、嘴裡叼著東西，會將東西牢牢地咬住。

找各種東西玩

鸚鵡會自己找身邊的東西
玩耍。

玩耍，主人都愛不釋手！

面對新事物一開始會有點害怕，不過習慣之後就會充滿好奇心，且會不斷地靠近。

太平洋鸚鵡

好奇心滿滿

吃東西的時候好幸福啊～

虎皮鸚鵡

雞尾鸚鵡

一點一點吃著飼料的模樣，看著讓人心情變得平靜。

藍頭鸚鵡

非洲灰鸚鵡

這樣子玩耍也超幸福～

頭腦聰明的鸚鵡可以用各種方式玩耍。想要和主人一起玩！

開口說話也樂在其中

鸚鵡是一種非常善於學習語言的動物，因此能記得許多單字，也可以和人類對話。

粉紅鳳頭鸚鵡

虎皮鸚鵡

和其他動物也能做好朋友

如果彼此個性相合的話，與其他動物也能維持良好關係。但是，盡量不要讓鸚鵡靠近狗或貓等肉食性動物（參考p.78）。

吃東西還是鸚鵡夥伴們……

有感情好的時候

也會有相處不愉快的時候

根據種類及每隻鸚鵡的個性，即便是同種鸚鵡也會有相處不太融洽的時候。

果然最愛的還是主人了♥

如果主人對鸚鵡能細心照料的話，鸚鵡也會給予主人最大的信任與愛。

前言

給想要飼養鸚鵡的朋友

雖然鸚鵡屬於小型動物，但是其實牠們相當聰明，且是種感情豐富的動物。

若是有「鸚鵡很小所以容易飼養」、「不用帶鸚鵡出去散步很輕鬆」等，

像這樣只圖個輕鬆的想法，那還是不要養會比較好。

因為鸚鵡的心思相當細膩，小心照料是非常重要的。

此外，鸚鵡比想像中還要長壽，即便小型的虎皮鸚鵡有些也能活15年。

中型的雞尾鸚鵡更是能存活超過20年，

如果是非洲灰鸚鵡則可存活30～40年，對於自己未來的生活規劃，

務必要考慮到是否能照顧到最後。

必須先做好以上覺悟，才能與鸚鵡成為夥伴並一起享受生活的樂趣！

給剛開始飼養鸚鵡的朋友

首先想告訴大家的是，雖然都一律稱為「鸚鵡」，

但是根據鸚鵡的種類，有些甚至比貓和狗之間的差異要更大。

飼養狗時，當然不會餵牠貓飼料對吧。

因此，相同的是，面對自己飼養的寵物要餵哪種食物務必事前了解。

再者，有關寵物成長的環境（出生地）、性質以及飼養方式的重點，

可以的話，請一定要努力學習。

了解自己所飼養的鸚鵡之後，對牠的愛一定也會更加濃厚。

最後，和飼養前一樣，最重要的是務必抱有飼養到最後的覺悟。

Ebisu Bird Clinic MAI 院長

濱本麻衣

濱本麻衣

Ebisu Bird Clinic MAI院長

畢業於酪農學園大學獸醫部。於東京大學動物醫療中心擔任2年的實習醫師後，在橫濱鳥類醫院任職3年獸醫師，最後於東京澀谷區開設醫院。對於鳥類的豐富知識以及精確的親身診療深受好評，有許多患者會大老遠前來看診。醫師所飼養的鸚鵡會在休息室迎接大家，是一間溫暖的醫院。

目次

contents

3章 迎接鸚鵡的準備&初期的飼養方法

4章 鸚鵡的每日生活&照料

5章 讓鸚鵡健康的食物&餵養方式

6章

鸚鵡的行為&探索鸚鵡的心情

7章

對鸚鵡的教養&玩樂 信心滿滿

8章 鸚鵡的疾病&健康管理

監修

Ebisu Bird Clinic MAI

（惠比壽 小型動物與鳥類醫院）
濱本麻衣院長
東京都澀谷區惠比壽西 1-27-3
TEL 03-3461-8005
（採完全預約制）

濱本醫生與診所的看板男孩伯諾和小藤（p.36）。

攝影・商品協助

鸚哥・鸚鵡專門店「こんぱまる」

http://www.compamal.com/
●池袋店
東京都豐島區西池袋 5-19-18
ヤマギシマンション 1 F
TEL 03-5391-4341
●上野店
東京都台東區東上野 4-10-6 東大樓 2F
TEL 03-3845-8233

照片協助

ペットショップ DK2P

http://www.dk2p.jp/
東京都北區王子 1-27-2
エクセル・ド・モリ 1 F
TEL 03-3914-3900

●參考文獻

『コンパニオンバードの病気百科』（誠文堂新光社）
『インコとの暮らし方がわかる本』（日東書院）
『インコの楽しみ方 BOOK』（成美堂出版）
『楽しく暮らせる かわいいインコの飼い方』（ナツメ社）
『幸せなインコの育て方・暮らし方』（オーイズミ）
『インコの部屋』（スタジオムック）
『必ず知っておきたいインコのきもち』（メイツ出版）
『しあわせなインコとの暮らし方』（マイナビ）
『インコ語会話帖』（誠文堂新光社）
『インコとおしゃべり』（誠文堂新光社）
『インコ芸＆おしゃべりレッスン BOOK』（日東書院）

1章

讀懂鸚鵡的心情，快樂☆飼養的實際例子

與2隻鸚鵡
心意相通的時尚生活

鸚鵡
專欄
CASE 1

到了週末的放風時間，一起和飼主享受快樂時光。朱尼爾很喜歡低著頭讓飼主搔癢。

朱尼爾

太平洋鸚鵡・公

同居年數●6年

透過鸚鵡部落格的好友得知太平洋鸚鵡的存在，名字由來是因為出生在第12順位。拿手絕活是握手和轉圈。

小李子

粉紅鳳頭鸚鵡・公

同居年數●1年

一開始小李子不太願意從籠子裡出來，現在可是個超愛向關谷小姐撒嬌的黏人精。拿手絕活是擺動頭部做出「掰掰」的動作。杏仁是牠的心頭好。

關谷令子小姐

原為室內設計師。現在的關谷小姐則專職經營部落格「おちり俱樂部。」，刊載有關鸚鵡及講究的室內生活內容（目前部落格暫時停止更新）。

「おちり俱樂部。」http://sumirehagoromo.blog48.fc2.com/

鸚鵡空間就位在客廳的一角。利用木頭櫃營造出溫暖的氛圍。

朱尼爾的籠子。裡面有擺放鸚鵡專用帳篷和玩具，住起來應該很舒服。

每個籃子內都放有點心。最右邊的葡萄酒架子是在百元商店購買，當作朱尼爾放風時的棲木。

小李子的玩具是飼主用皮革和珠子等親手製作而成。

在小李子籠子的周圍圍上了隔絕鳴叫聲的隔音墊，飼主也在隔音墊上貼了美麗的壁紙。

在2隻鸚鵡中間則是已過世的小董專區。

與小李子的相遇 來自「嗶嗶嗶！」的預感

關谷夫妻將自家客廳的櫃子，改裝成具質感的鸚鵡空間。面向櫃子的右邊是朱尼爾，左邊則是小李子的鳥籠。在櫃子的中間，是已經過世的羽衣虎皮鸚鵡小董的祭拜空間。

關谷夫妻與小李子的相遇，是在大型家居用品店的寵物區。「當時在館內一看到小李子，就聽到『嗶嗶嗶』的聲音。但是，那時對於小董的過世還無法釋懷，且在飼養小李子之前還需要學習關於大型鸚鵡的知識。」

於是，謹慎的關谷夫妻時不時地到店裡看看小李子，就這樣過了1年，還是無法下決心將牠買下。等到夫妻倆都覺得「真的受不了了，牠注定就是要成為我們的孩子」而將牠接回家時，小李子已經3歲了。

關谷小姐與朱尼爾＆小李子的一天

	關谷小姐	朱尼爾＆小李子
07:00	起床 先生出門上班	
08:00	將籠子移到客廳	起床
08:30	早餐 做家事 購物	將小李子的籠子稍微往外移
12:00	午餐	在客廳的籠子中度過
16:00	放風	將朱尼爾放出鳥籠一起玩耍
17:00		將朱尼爾移到寢室準備就寢
18:00		將小李子放出鳥籠一起玩耍 將小李子移到寢室準備就寢
19:00	晚餐	
21:00	先生回到家	
23:00	就寢	

將飼料種子和滋養丸放在冰箱內保存。

從廚房的抽屜將每天要餵食的飼料分成小份。

用料理秤將每天的分量正確測量好。

能與鸚鵡心靈相通 飼主也倍感溫馨

成長為成鳥的小李子如預想中一樣，對於人類會出於警戒而去咬對方的手。即便如此，關谷夫妻也與牠好好相處了一個月，而牠也會讓飼主搔搔頭。到了1年後的今天，小李子已經會緊緊黏在飼主身邊撒嬌了。

考量到已經飼養的鸚鵡朱尼爾與小李子間的關係，飼主讓牠們2隻保持了不那麼親近，但也不會太疏離的關係。通常不會讓牠們一同到籠子外，而是按照順序分別放風。

不知道是不是因為常常隔著籠子也跟牠們聊天，牠們2隻現在都變得很會說話。「一旦與飼主心靈相通，鸚鵡們就會把人類視為夥伴，並毫不保留地展現牠們的愛。」

關谷夫妻被這2隻鸚鵡療癒身心的同時，他們更切身感受到要好好守護2隻小鸚鵡的幸福。

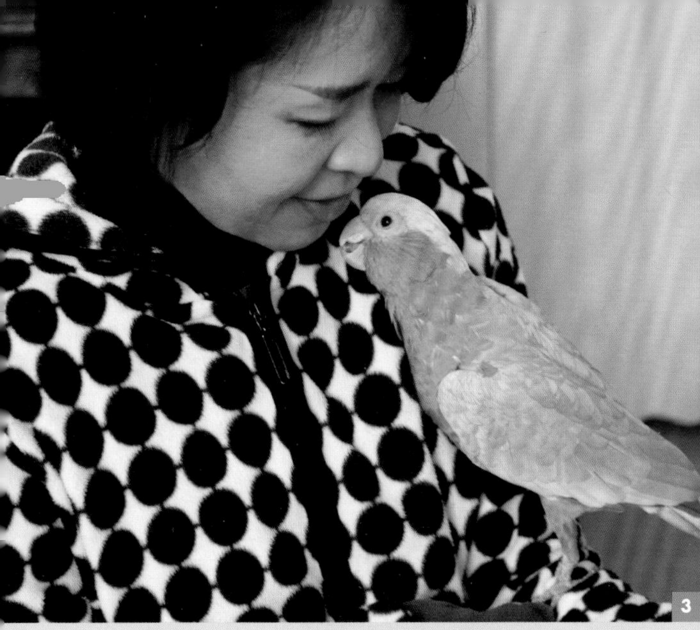

關谷小姐的飼養術！

與鸚鵡心意相通的訣竅

● 注意觀察鸚鵡的鳴叫聲、表情、動作等。雖然有些人會說「鳥沒有表情」，但其實牠們的表情相當豐富。尤其是在笑的時候，更容易看得出表情。

● 為了要給鸚鵡「如果這個人在會感到安心」的感覺，盡量以溫柔、沉穩的方式與牠們相處。

讓鸚鵡學習說話的訣竅

● 最重要的是，要常常與牠們聊天。如果飼主不與鸚鵡說話，鸚鵡當然就不會說話。

● 若是有要讓鸚鵡特別記下來的話或歌曲，盡量以較高的音調說或唱給牠們聽。

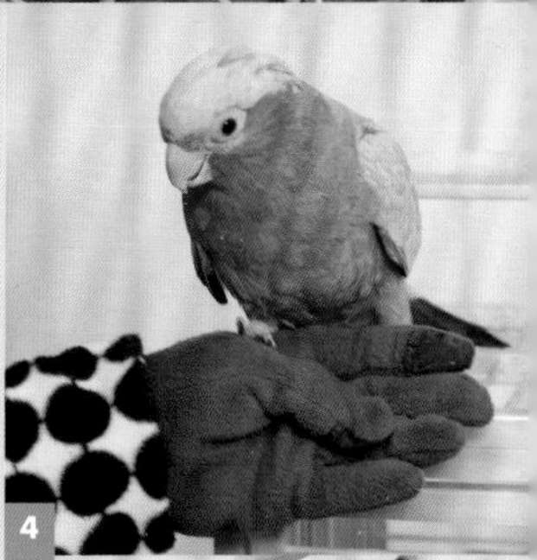

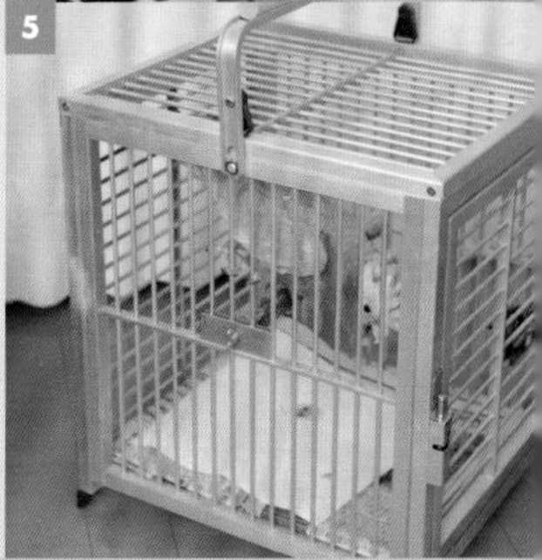

1 朱尼爾的拿手絕活，就是跟飼主的手指握手。 2 在矮桌上做的遊樂空間，是朱尼爾最喜歡的地方。 3 待在關谷小姐旁撒嬌，是小李子最幸福的時刻。 4 因為小李子的爪子較尖銳會刮傷手，所以放風時飼主會戴上厚手套。 5 這是小李子晚上睡覺時專用的小型籠子，外出時也會使用。 6 從鸚鵡好友那裡得到的鸚鵡胸針禮物。

鸚鵡專欄
CASE 2

與2隻鸚鵡的互動，就像演奏爵士樂般讓彼此心意相通

正在練習的Mamiko小姐，杉菜也跟著穿插表演。

杉菜

原生種雞尾鸚鵡・母

同居年數● **3年**

喜歡飼主對牠說「乖孩子」，並讓飼主摸頭。享受與Mamiko小姐一起唱歌的時光，個性有點像貓咪，是一隻不受拘束的小公主。

西羅

黃化雞尾鸚鵡・公

同居年數● **3年**

拿手絕活是把書或木箱咬爛變成粉末狀。不太喜歡給別人抱，但是會自己靠近Mamiko小姐的手。

Mamiko Bird小姐

爵士歌手、創作歌手。活用在美國音樂演出時的經驗，進行各種現場表演、派對演出及歌曲創作。

這間客廳是這2隻鸚鵡的活動空間，同時也是Mamiko小姐工作的地方。

原本這個大型鳥籠是要飼養牠們2隻，現在已經變成杉菜專用。

西羅在杉菜旁邊的籠子裡生活。

西羅非常喜愛的桐木箱，邊咬邊玩耍。

杉菜也很喜歡啃咬木頭地板。

歷經一年喪失寵物症候群 終於迎來2隻鸚鵡

4年前，Mamiko小姐一直飼養的雞尾鸚鵡捏捏，在9歲時突然過世了。之後，Mamiko小姐就陷入了嚴重的喪失寵物症候群，一年內幾乎每天都以淚洗面。看到她變成這樣的家人，有一天在百貨公司內發現這2隻鸚鵡，於是建議她飼養。就在這樣的情況下，這2隻鸚鵡西羅和杉菜就變成Mamiko小姐的孩子了。

最初她將2隻鸚鵡放入同一個籠子中一起飼養，但是這樣杉菜就會開始不斷產卵。「雖然最後總共生了30個蛋，但是沒有一隻雛鳥存活下來。」於是Mamiko小姐向鳥醫師詢問後，就將牠們放到不同的籠子裡飼養，放風時也是分別行動。

Mamiko小姐與西羅&杉菜的一天

	Mamiko小姐	西羅&杉菜
07:00	起床	起床
07:30	打掃籠子、餵飼料	
08:00	早餐	
	一邊做家事，一邊和2隻鸚鵡玩耍	分別放出籠到外面玩耍
12:00	午餐	在籠子裡度過
13:00	練習唱歌、作曲	
		分別放出籠到外面玩耍
17:00	出門工作	在籠子裡度過，然後睡覺
00:00	回家就寢	

只要Mamiko小姐伸出手指，西羅的頭就會伸過去盡情地撒嬌。

2隻鸚鵡的餐點除了有種子類的飼料和滋養丸外，也有蔬菜的保健食品。

將燕麥點心夾在外文書裡，牠就會把點心找出來吃掉。

飼主不只是飼主 而是一同生活的夥伴

Mamiko小姐表演的爵士樂，並不是像說話那樣直接表現出聲音、語氣和表情，有時候需要一些像是第六感般的東西，這點對她非常重要。「尤其在爵士樂來說，第六感是不可或缺的。」而與西羅和杉菜間的互動，其實與音樂有著異曲同工之妙。

「西羅和杉菜總是笑臉迎人，而我也會熱情地對牠們說『好可愛喔』、『最喜歡你們了』，2隻小鸚鵡對我的感情也非常了解。另外，我覺得牠們並不是把我當成媽媽，反而將我視為夥伴。」

Mamiko小姐與這2隻鸚鵡的關係，已經超越了寵物和飼主之間，而是建立在互相了解彼此的深厚情誼上。

Mamiko Bird小姐的飼養術！

與鸚鵡心意相通的訣竅

● 盡情地讚美牠們，這時候要叫牠們的名字，鸚鵡就會知道自己正被誇獎而覺得開心。

● 除了鸚鵡的鳴叫聲和語言之外，也不要錯過牠們的小動作（肢體語言）。像是做出「很高興對不對！」、「要來這邊嗎？」等的姿勢時，也要給予回應。

讓鸚鵡學習說話的訣竅

● 可以的話，盡量以高音調的方式說話，而且要投入感情說一些讓人心跳加速的話語。

● 說一些可以讓鸚鵡感到興奮的話，像是「超喜歡」、「來這邊」等。

● 鸚鵡在說話時，不要忽視牠們，每次都要好好回答。

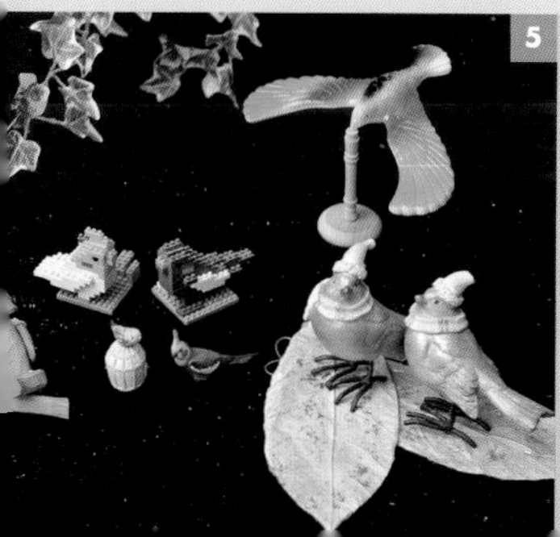

1 杉菜的目標就是旁邊的大松毬果。 2 每天一定要在料理秤上測量體重。 3 他們不只雙聲道，而是「三聲道」，Mamiko小姐正在和2隻鸚鵡說話。 4 西羅喜歡咬著棉花棒玩耍。 5 各種造型特別的鳥類裝飾品，這些都是來自客人的禮物。

鸚鵡專欄
CASE 3

與31隻雞尾鸚鵡一起過著熱鬧且愉快的生活

被鸚鵡籠子包圍的丈夫直樹先生，孫女天音妹妹也很開心。

最初迎接的3隻鸚鵡

珍珠

雞尾鸚鵡・母
同居年數 ● 4年

名字是來自珍珠白的臉部。喜歡在客廳飛來飛去，冷靜下來後會飛到磯野小姐的肩上放鬆的待著。

肉桂

雞尾鸚鵡・母
同居年數 ● 4年

名字是來自肉桂斑紋色的羽毛。至今分別產了3隻和4隻的雛鳥，孩子的爸爸是香草。

香草

雞尾鸚鵡・公
同居年數 ● 4年

鸚鵡家庭裡的老大。如果要去寵物店迎接新的鸚鵡時，一定要將香草一起帶去會面。

磯野尚子小姐

家庭主婦。每天因為照顧鸚鵡而感到幸福洋溢。有時會做一些自己所擅長的雞尾鸚鵡拼布作品，也會收集鸚鵡小物。

鸚鵡們都很喜歡飼主，彼此之間是能互相療癒的存在。

從客廳旁邊延伸出來的鸚鵡專用房。中間放有2個鳥籠。

公鸚鵡的鳥籠則是在這邊。

這邊是母鸚鵡的鳥籠。

為了31隻鸚鵡所打造出的房間

進入磯野小姐家中的客廳後，再往旁邊的房間走進去，映入眼簾的便是2個巨大鳥籠，鳥籠中有著為數不少的雞尾鸚鵡。面向鳥籠的右邊是16隻的公鸚鵡，左邊則有15隻母鸚鵡，總共31隻的鸚鵡大家庭！

「這間房間原本是要做成和室，但是為了這些雞尾鸚鵡們改裝成木頭地板，而且還貼上了米老鼠圖案的壁紙。」至於為什麼是米老鼠圖案呢？磯野小姐解釋：「因為有些鸚鵡很會吹口哨，吹的就是米老鼠的主題曲。」

鸚鵡房間內，放了一個飼料專用的冰箱和吸塵器。「因為鸚鵡的數量實在太多了，牠們飛行時掉落的羽毛和脂粉（參考p.59）量也不容小覷。」不過磯野小姐都會很認真打掃，因此室內還是保持的相當乾淨。

磯野小姐與雞尾鸚鵡們的一天

	磯野小姐	雞尾鸚鵡們
06:30	起床 清理鳥籠、放飼料	拿起蓋在鳥籠上的套子 起床
08:00	早餐 家事	在籠子裡度過
12:00	午餐	
16:00		隔著籠子餵點心（滋養丸和毛豆）
19:00	晚餐	
20:00		放出鳥籠，在外面玩耍
23:00	就寢	蓋上鳥籠的套子 就寢

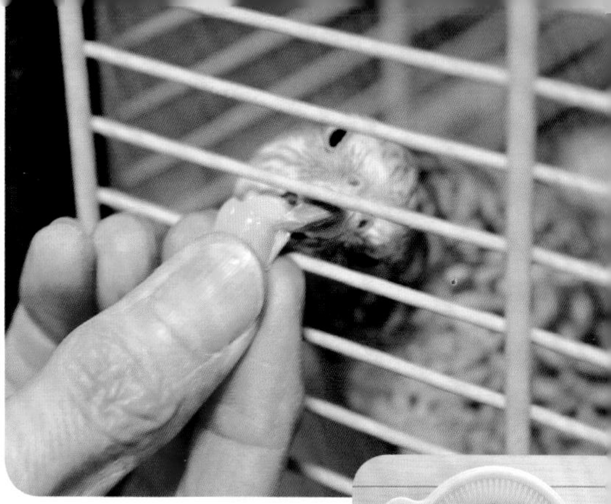

今天的點心是毛豆，是大家都喜歡的食物！

早上放的滋養丸飼料到了晚上就都吃光光了。

在鸚鵡房間內專用的冰箱裡囤積了不少飼料。

大家都太可愛了 一隻都不想錯過！

磯野夫妻與雞尾鸚鵡的相遇約在4年前。因為住在公寓，所以無法飼養貓咪或狗。「不過鳥可以養的話，那就先來試試看飼養文鳥吧。」於是先生這麼提議。之後，他們就前往家居用品店的寵物區。在那裡遇到的是出生2個月大、共3隻的雞尾鸚鵡。他們就買了其中2隻，並將牠們帶回家。不過，對於剩下的那一隻實在無法忘懷，於是兩天後又再次回到家居用品店，結果這3隻就統統變成磯野夫妻的孩子了。

在那之後，為了要買不同顏色、斑紋的鸚鵡，不到1年就演變成11隻。「我們夫妻倆完全陷進雞尾鸚鵡魅力的漩渦了。」在這期間，鸚鵡們有些變成夫妻且開始產卵，於是就增加到共31隻鸚鵡。「不論哪一隻，都各有各的可愛之處。」所以，他們完全沒有想要送養任何一隻。

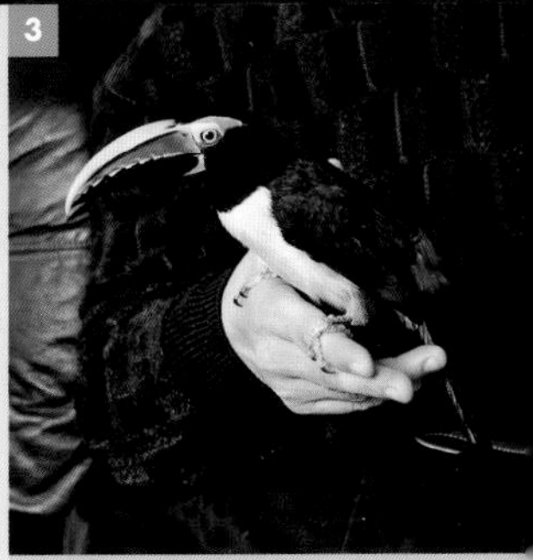

磯野小姐的飼養術！

與鸚鵡心意相通的訣竅

- 每天都要公平地喊31隻鸚鵡的名字，並與牠們說話。還有早上務必要對牠們說聲早安。
- 如果牠們做了不對的事，就要提高聲調、並帶著有點嚴肅的表情對牠們說：「不可以！」一定要讓牠們分清楚是非對錯。
- 用手指摸摸牠們的頭，或是用鼻子磨蹭肚子，與鸚鵡們的肌膚接觸非常重要。

讓鸚鵡學習說話的訣竅

- 雖然雞尾鸚鵡不太擅長說話，但是很會吹口哨模仿。可以藉由吹口哨快樂對話。
- 通常會一起看電視，聽到喜歡的廣告曲，有些鸚鵡會晃著頭跟著音樂打拍子。

1 天音妹妹已經很習慣珍珠停在肩膀上了。 2 雛鳥剛出生時，都會很期待牠未來長大後的花色。 3 與鸚鵡們一起同居的大嘴鳥巧克弟弟。 4 特別準備給生病或是在減肥中鸚鵡的「別墅鳥籠」。 5 磯野小姐在一開始迎接3隻鸚鵡所做的拼布作品，堪稱傑作！

鸚鵡專欄

CASE 4

在被漫畫截稿和育兒追趕的每一天，長壽的鸚鵡孩子們療癒了身心

工作時，朱拉會停在飼主的肩膀上。牠非常的乖巧且不會打擾到飼主作畫。

Nanairo perikan 小姐的飼養術！

與鸚鵡心意相通的訣竅

- 從鸚鵡的背後抓住比較不會讓牠們感到害怕。鸚鵡的記憶力很好，只要被嚇過一次就會記得很清楚。
- 每次從鳥籠前經過時，可以對牠們說「好可愛啊」、「你好嗎？」等，透過對話讓鸚鵡感覺自己受到疼愛。

羅西

虎皮鸚鵡・公

同居年數●**9年**

父親是朱拉，也就是第三代鸚鵡。名字來自女飼主喜愛的滑雪用品品牌「ROSSIGNOL」，不太擅長應付人類小孩。

朱拉

虎皮鸚鵡・公

同居年數●**15 年**

由第一代鸚鵡朱比築巢繁殖的第二代鸚鵡。朱拉大多會隨自己的心意待在鳥籠裡一動也不動，好像頓悟般靜止不動。

Nanairo perikan小姐

隨筆散文漫畫家。現在一邊照顧 4 歲和 7 歲的小孩，一邊飼養2隻虎皮鸚鵡和1隻米格魯。正在經營育兒部落格「たまご絵日記」(著書參考p.29)。

「たまご絵日記」http://nanairo-perikan.blog.jp/

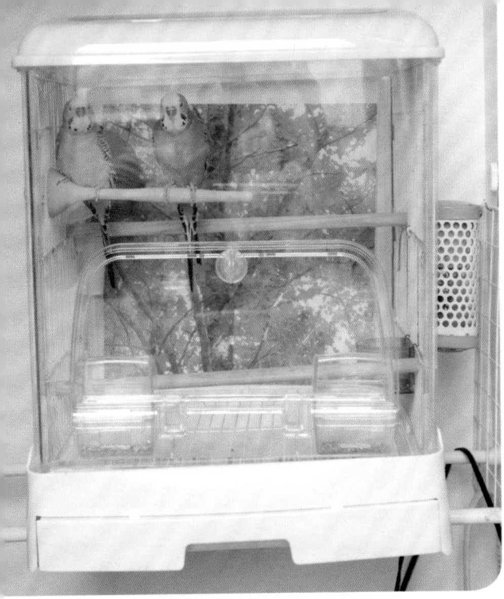

通常牠們會住在同一個鳥籠裡。這個鳥籠為透明的塑膠製品，貼上了壁紙，看起來相當美觀。

有時這2隻鸚鵡也會吵架，不過讓牠們像這樣增加一點刺激也好。

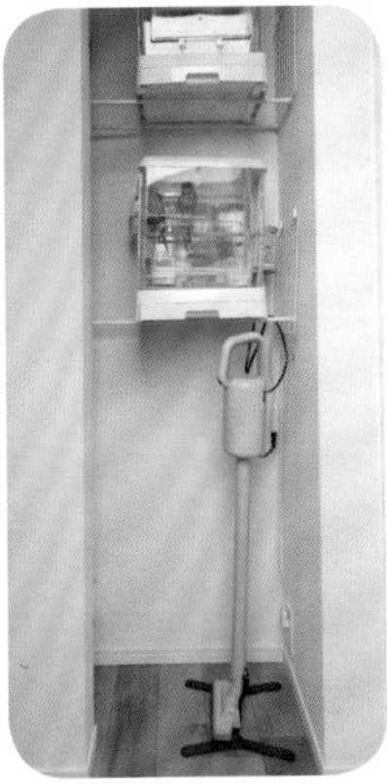

走廊的空間則是放上2根伸縮桿支撐鳥籠。另外，還放了一臺吸塵器專門清掃掉在地上的羽毛。

鳥籠旁邊是飼主自製的收納空間，通常會放鳥飼料、鸚鵡的日常用品等。

將鳥籠的屋頂大大打開，無論是照顧或打掃都相當輕鬆。

讓鸚鵡在家裡築巢繁殖並在多頭飼養環境中成長

15年前，備受寵愛的第一代鸚鵡朱比（公）迎接了母鸚鵡後開始築巢，於是有了4隻雛鳥的出生，其中的一隻就是第二代鸚鵡朱拉。羅西則是朱拉的兒子，也就是第三代鸚鵡。

這2隻鸚鵡都是在雛鳥時期就與多隻鸚鵡一起生活，所以並不習慣一直黏著人類。「我因為忙於照顧小孩，反而與這2隻鸚鵡保持了不錯的距離感。」

通常在吃完晚餐後會將牠們放出來，放風時間大概是15分鐘。偶爾也會在白天放風，此時，朱拉會靜靜地停在正在畫漫畫的Nanairo小姐肩膀上，有時也會打起盹來。每天在育兒及截稿地獄間努力奮戰時，像朱拉這樣子正好療癒了身心。

Nanairo perikan小姐與朱拉&羅西的一天

	Nanairo perikan小姐	朱拉&羅西
04:00	起床	
	工作、家事 早餐	
08:00	清理鳥籠、 餵食 送小孩到幼稚園	拿起鳥籠的套子 叫鸚鵡起床
		在鳥籠中度過
09:30	工作	
12:00	午餐	
	工作	
17:30	到幼稚園接小孩	
19:30	晚餐	
20:00		在鳥籠外玩耍
21:00	哄小孩睡覺 一起就寢	蓋上鳥籠的套子 就寢

正在吃點心粟穗的朱拉，有時也會邊吃邊打瞌睡。

每天都會餵食燒鹽土飼料丸和帶殼種子，牠們很喜歡中間的粟穗點心。

正在餵食朋友寄養的幼鳥。對於飼養經驗豐富的Nanairo小姐來說，照顧幼鳥是小事一樁。

鸚鵡長壽的祕訣
從7歲開始控制飼料的分量

朱拉在7歲時因為肚子裡長了脂肪瘤而動了手術。那時，就開始聽從醫生的建議控制飼料的分量，改成一天餵一次飼料，除去殼後的分量應為鸚鵡體重的10％。舉例來說，如果鸚鵡的體重是40克的話，就餵食4克的飼料。在那之前，都會將飼料盆裡放滿飼料，一天吹殼一次後還會再追加飼料。「我想朱拉能如此長壽，都是多虧飼料的控制。」虎皮鸚鵡3歲到7歲時容易生病，也就是所謂的多災多病之年。「朱拉手術過後便開始減少飼料的分量，因此才能順利度過那段日子。」

現在，這2隻鸚鵡悠閒地住在同一個鳥籠裡。Nanairo小姐希望牠們幸福的生活此後也能長長久久。

※上述的飼料控制有接受獸醫師的診斷，請勿依此自行判斷模仿。

上了年紀好像不是件壞事啊～ 感同身受

Nanairo perikan小姐所出版的人氣育兒漫畫《たまご絵日記》（Mynavi）、《いろはにちへど》（講談社）。

鸚鵡專欄 CASE 5

一邊飼養2隻虎皮鸚鵡，一邊在鳥咖啡廳工作

晚上八點，小野寺小姐下班回家就是鸚鵡的放風時間。將牠們分別放出來，並一起玩耍30分鐘左右。

小野寺小姐的飼養術！

與鸚鵡心意相通的訣竅

- 像家人一樣和鸚鵡們對話，牠們也會表現出興致勃勃的樣子。
- 工作時，放風的時間會比較短，所以休假日時會一直陪著鸚鵡們玩耍。
- 會用手直接餵小松菜、水果等點心給鸚鵡們吃。

雷拉

虎皮鸚鵡・母

同居年數● **8個月**

雷拉名字在愛奴語代表「風」的意思。雷拉年輕氣盛的時候，只要從籠子出來就會四處來回飛行。

捏捏

虎皮鸚鵡・母

同居年數● **6年**

在鳥籠外時，捏捏會停在小野寺小姐的肩上獨自嘀咕說話。有時候會模仿相機按快門的聲音。呼喊名字時，捏捏會「啾」的一聲回應。

小野寺智美小姐

「ことりカフェ巣鴨」咖啡廳的員工。家人都很喜歡小鳥，總共飼養了2隻虎皮鸚鵡捏捏和雷拉，以及1隻十姐妹畢莉卡。

ことりカフェ巣鴨　http://sugamo.kotoricafe.jp/

小野寺小姐與捏捏&雷拉的一天

	小野寺小姐	捏捏&雷拉
06:00	起床	拿起鳥籠的套子讓牠們起床
07:00	清理鳥籠、餵食	起床
07:30	早餐	
08:00	出門上班	
		在鳥籠中度過
19:30	到家	
20:00	放風	分別在外面玩耍各30分鐘
21:00		蓋上鳥籠的套子就寢
22:00	晚餐	
00:00	就寢	

從鳥籠出來、正在吃著粟穗的捏捏。放風時不太會飛來飛去，大多好像都停在小野寺小姐的肩膀和手上而已。

雷拉在鳥籠外面的時候，雖然會四處飛，但是只要小野寺小姐用手指摸摸雷拉，牠就會冷靜下來。

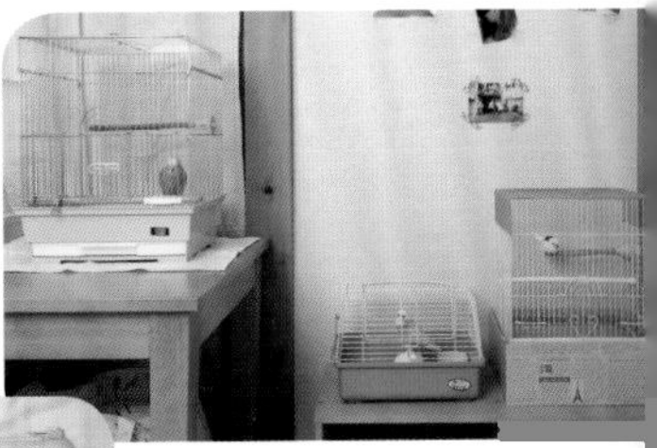

從左邊開始分別是捏捏、中間是雷拉，右邊則是十姐妹畢莉卡的籠子。

雷拉晚上睡覺時，都會待在具有保溫效果的塑膠箱子中。好像放入牠喜歡的玩偶就會變得比較平靜。

無論在工作或是家中 每天都和小鳥過著幸福的生活

小野寺小姐在「ことりカフェ巣鴨」的咖啡廳工作。「雖然工作是要照顧30隻小鳥及接待客人，但是可以和愛鳥的客人聊天，令人非常開心。另外，咖啡廳會舉辦各種活動，我自己也樂在其中。」

家中共有2隻鸚鵡和1隻十姐妹。小野寺小姐高中的時候，為了想要養倉鼠而前往了寵物店。但是到了店面，只剩下虎皮鸚鵡的幼鳥一臉希望小野寺小姐陪牠玩的樣子。於是小野寺小姐便決定不養倉鼠，改成飼養這隻鸚鵡！而這隻鸚鵡就是現在的捏捏。與雷拉的相遇則是在8個月前，當時是在寵物店裡，看到雷拉渾身沾滿飼料的模樣，因為很在意，所以就將牠帶回家了。

雖然工作的場合有很多小鳥，但還是自己的孩子最棒！工作結束回到家時，能有3隻小鳥迎接自己，每天都過得相當幸福。

與非洲灰鸚鵡和9隻鳥兒們的生活每天都熱鬧非凡！

鸚鵡專欄 CASE 6

在10隻小鳥中，最先出來放風的魯伊。先生休假時也會積極地照料小鳥。

在寵物店閒逛時相遇的非洲灰鸚鵡

佐野小姐高中的時候因為想要飼養動物，和家人一同討論，於是得到了如果是養鳥的話就OK的回應。當時所飼養的是虎皮鸚鵡，現在則是除了有虎皮

魯伊

非洲灰鸚鵡・公

同居年數●**1年半**

一開始不知道性別，所以取了男女皆可的名字，之後前往醫院檢查時才確定是公的。魯伊最喜歡向日葵的種子、花生和葡萄。

佐野百合小姐

從高中時期開始飼養小鳥，是超級鳥迷。現在與10隻小鳥一同生活。家中除了有鸚鵡的玩偶和海報等，鸚鵡相關的產品也是不勝枚舉。

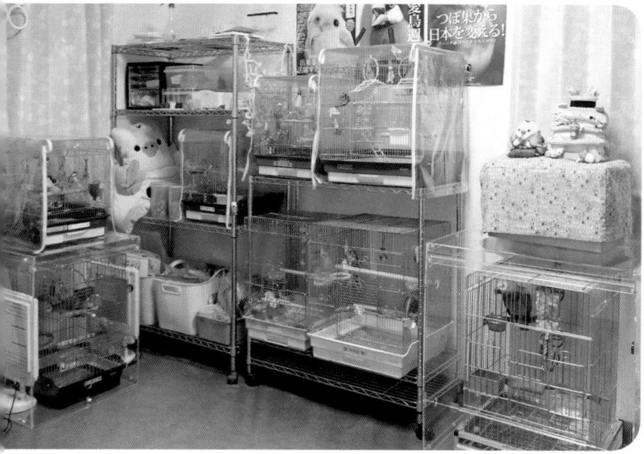

擺滿10個鳥籠的房間。因為都有確實打掃，所以保持地相當整潔。

魯伊的鳥籠放在具有隔音和保溫效果的壓克力箱中。

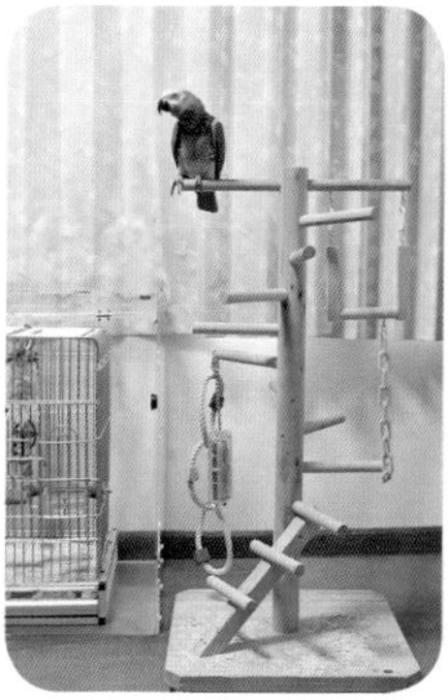

魯伊非常喜歡這個大棲木，牠會在這裡悠閒地整理羽毛。

在小鳥房間的牆壁上貼滿了鸚鵡圖樣的海報。

在壓克力箱上設有溫度計，可以隨時控管溫度。

鸚鵡之外，還分別各有1隻牡丹鸚鵡、粉紅鳳頭鸚鵡、塞內加爾鸚鵡、非洲灰鸚鵡和文鳥，以及各2隻的雞尾鸚鵡和太平洋鸚鵡，總共是10隻的大家庭。

迎接非洲灰鸚鵡魯伊大概是在1年半前左右。佐野小姐一開始在寵物店看到非洲灰鸚鵡的雛鳥時，覺得很像迷你恐龍而感到驚訝。於是便興沖沖地想要知道更多關於非洲灰鸚鵡的事，就從書裡調查或在網路上看一些影片等。就在這個過程中，自己變得愈來愈想要飼養，後來就開始在寵物店徘徊。就在某一天前往鳥咖啡廳時，遇到了剛出生4個月的非洲灰鸚鵡。這隻鸚鵡會停在人的手或頭上，與人相當親近，於是佐野小姐當場就決定將牠帶回家。

心情低落的時候會唱歌鼓舞飼主

佐野小姐家中的其中一間房間放滿了鳥籠，即使如此，打掃也從不馬虎，因此房間內還是保持地相當整潔。

佐野小姐下班回到家約下午3點，

佐野小姐與魯伊的一天

	佐野小姐	魯伊
06:30	起床	
08:30	早餐	拿起鳥籠的套子讓牠們起床
09:30	出門上班	在鳥籠中度過
15:00	回家	
	清理鳥籠、餵食一邊做家事，一邊將彼此感情比較好的小鳥們分組放風（大型鳥1小時，小型鳥30～40分鐘）	在鳥籠外玩耍1小時
19:00	晚餐	
21:00		蓋上鳥籠的套子準備就寢
00:00	就寢	

正在吃帶殼花生點心的魯伊會使用腳和鳥喙，漂亮地去除外殼再吃掉裡面的花生。

將飼料和點心放在小鳥房間內的鐵架上保管。

不知道為什麼魯伊特別喜歡黃色拉鏈，總是一邊咬著拉鍊一邊玩耍。

此時便是與鳥兒們相親相愛的時間。每一隻鳥會輪流放出來玩耍30分鐘～1小時，所以等放風結束、吃晚餐時都已經是晚上10點了。「雖然很辛苦，但是每隻小鳥的個性都不太一樣，相當可愛。」像這樣與10隻小鳥們心意相通的佐野小姐，正在訓練牠們成為可以停在手上的小鳥。

魯伊學習了不少單字，牠會邊說「握手」，邊將腳伸出來。而且牠很喜歡聽音樂，會聽著J-POP、跟著歌曲上下擺動，然後還會發出「Bravo!」的聲音，看起來相當樂此不疲。「每當我心情不好的時候，魯伊會發出『波波波哈多波波～♪』的聲音，用唱歌的方式鼓勵我。」鳥兒們像這樣子每天圍繞在身邊，佐野小姐每天都過得相當愉快。

1 2

佐野小姐的飼養術！

與鸚鵡心意相通的訣竅

● 佐野小姐在看電視的時候，會將鳥籠放在旁邊餵食，盡可能把小鳥放在旁邊一起生活。

● 就像與朋友聊天一樣，要和牠們說很多話。

● 對牠們說「好可愛」、「乖寶寶」等讚美的話，不過當牠們做壞事時，也要強勢一點跟牠們說不行。

讓鸚鵡學習說話的訣竅

● 常常和牠們說一些像是「接下來要去廚房做菜喔」、「現在要去買個東西喔」等，讓牠們慢慢地記起來。

● 如果有希望牠們可以記憶的詞彙，就要使用清楚且高音調的聲音。

● 讓牠們聽音樂，之後就會自己開始唱歌給飼主聽。

3

4

5

1 在房間四處飛翔的魯伊，最後會著陸在佐野小姐的頭上。因為牠的爪子會深入皮膚相當地痛，所以佐野小姐會戴上帽子。魯伊嘴裡叼的是寶特瓶的蓋子。 2 飛到先生手腕上的魯伊，此時牠的目標是帽T的繩子，一邊咬著繩子的前端一邊玩樂。 3、4 全部都是魯伊專用的玩具。如果玩膩的話，牠會慢慢地將玩具拿到外面。 5 客廳電視前裝飾了非洲灰鸚鵡的俄羅斯木偶。家中還有許多鸚鵡相關的物品。

鸚鵡專欄

番外篇

與醫生一起通勤到鳥診所的人氣「看板男孩」

伯諾

藍頭鸚鵡・公

同居年數● 12 年

因為肝臟疾病住在診所裡，經過長期的治療目前已完全康復，於是就直接由醫院收養。年齡預估約12歲。最喜歡的食物是水果！

小藤

鱗頭鸚鵡・公

同居年數● 12 年

為了慶祝診所開業，朋友贈送了這隻鸚鵡，年齡預估在13歲。小藤目前克服啄羽癖，現在完全是一隻愛撒嬌的孩子。

Ebisu Bird Clinic MAI

濱本麻衣醫生

小鳥和小動物醫院Ebisu Bird Clinic MAI的院長。院內除了有鸚鵡伯諾、小藤以外，還有虎皮鸚鵡、兔子及烏龜等的小動物一起住在診所裡。

Ebisu Bird Clinic MAI與小藤&伯諾的一天

	Ebisu Bird Clinic MAI	小藤&伯諾
09:00	員工開始工作	
09:30	麻衣醫生開始工作	與醫生一起出門上班
10:00	看診開始	有時待在鳥籠裡，有時在櫃檯接待大家
13:00	檢查、手術 利用空檔午餐	在鳥籠中度過
15:00	下午看診開始	有時待在鳥籠裡，有時在櫃檯接待大家
20:00	看診結束	
20:30	員工回家	
21:00	照料住院中的小鳥 利用空檔晚餐	有時和醫生一起玩耍，有時在鳥籠裡睡覺
22:00	麻衣醫生回到自家	與醫生一起回到自家

診療室附近的鳥籠房間，通常牠們都在這裡度過。

分別將2隻鸚鵡放入籠子中，一同前往診所。

診療空檔的放風時間，2隻鸚鵡都非常開心。

與醫院的員工一同工作迎接病患

本書的監修者濱本麻衣醫生，每天與鱗頭鸚鵡小藤和藍頭鸚鵡伯諾一同前往診所。

這2隻鸚鵡之所以一同到醫院，是因為無法與醫生分開。與醫生在一起的話，牠們會比較穩定；如果只是放入鳥籠且旁邊沒有人的話，牠們會感到寂寞，心情也會變差。

雖然這2隻鸚鵡會待在診療室旁邊房間的籠子裡，不過牠們與診所其他的員工感情都很好，因此，有時在醫生看診的時間，牠們就會在櫃檯擔任「看板男孩」。

即便看診時間結束，麻衣醫生的工作也還未結束，她還需要照料住院的小鳥等，所以每天的生活都不太規律。因為通常只是回到附近住家睡覺而已，2隻鸚鵡都把診所當作自家一樣，放鬆地待著。

濱本醫生的飼養術！

與鸚鵡心意相通的訣竅

● 可以的話，盡量待在鸚鵡的身邊，讓牠們覺得「這個人很令我安心」。

● 因為鸚鵡會表現出自己的感情，所以看到飼主表情哪裡不對會變得相當敏感。但是，如果一直盯著鸚鵡的話，會讓牠們備感壓力，因此不用一直盯著看。

● 應以鸚鵡的步調為優先，而不是讓鸚鵡來配合人類的步調和狀況。牠們心情不好、覺得煩悶的時候，也不要深究，靜靜地在旁邊守護就好。

讓鸚鵡學習說話的訣竅

● 不是一直教導牠們說相同的話，而是和牠們說許多單字。因為鸚鵡只會說感興趣的話，所以牠們應該能從眾多話語中找到自己喜歡的。

1 伯諾正在大口吃牠最喜歡的橘子！ 2 放在休息室裡的可愛吉祥物鳥兒們。 3 這2隻鸚鵡會和診所員工一起迎接來醫院的小鳥們和飼主。 4 在專用的書架空間裡稍微休息一下。 5 小藤的點心是滋養丸。

2章

鸚鵡到底是怎樣的動物呢？

圖鑑

\ 鸚鵡的 /

種類

鸚鵡的故鄉在哪裡？

世界上共有超過300種名稱有鸚鵡的動物。棲息地遍及亞洲、非洲、南美洲、澳洲和玻里尼西亞等較溫暖的地區。最近幾年，日本也進口了許多寵物鸚鵡，而且其種類和數量多到無法計算。

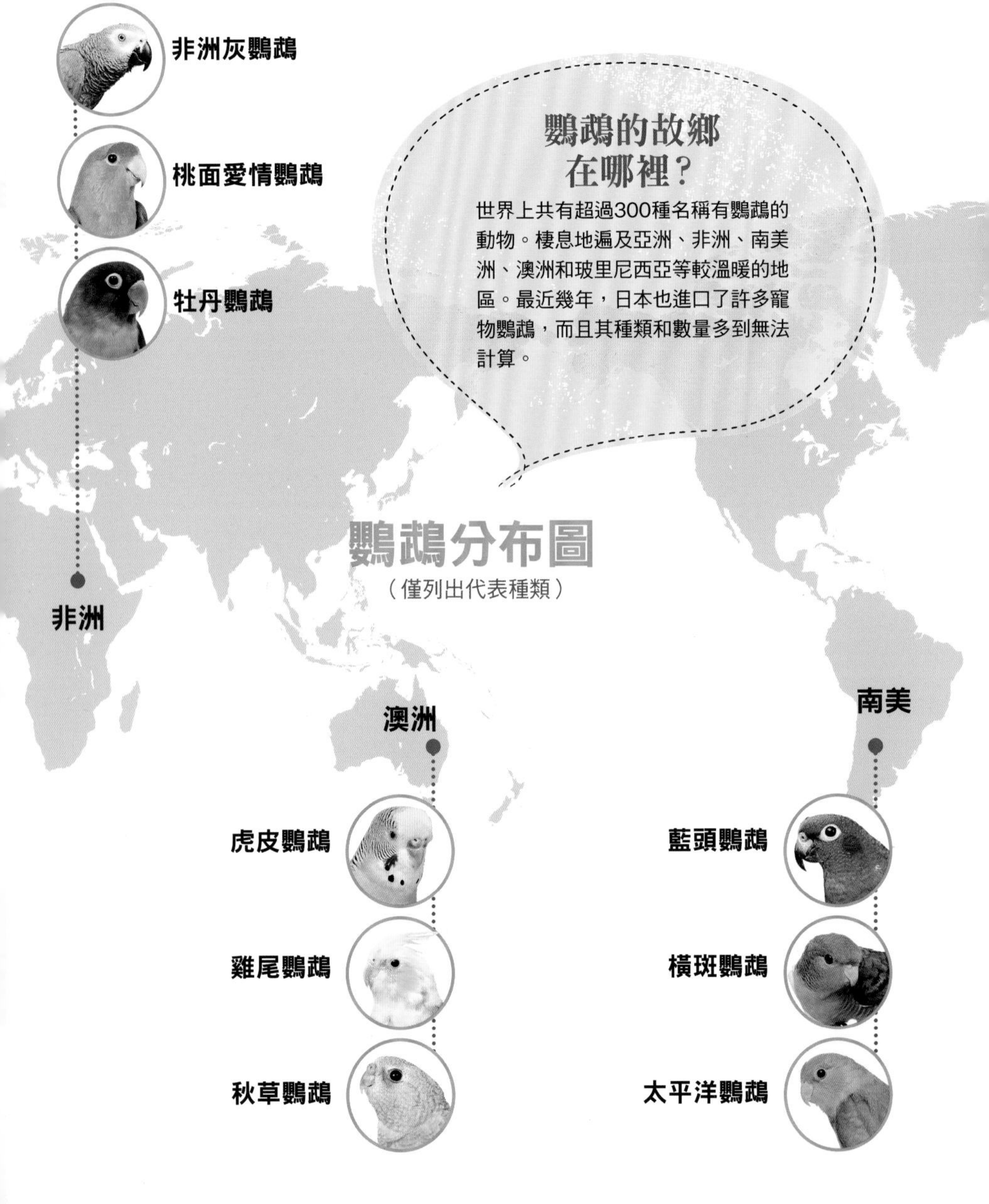

從小型到大型共
37種

人氣鸚鵡

**即便統統都叫鸚鵡，但是根據種類，
也有各式各樣的生活型態和外觀。
在此，本書共收錄了小型7種、
中型22種、大型8種，
都是容易飼養且人氣超高的鸚鵡。**

本書登場的鸚鵡尺寸大小對照圖

本書登場的鸚鵡中，尺寸最大的葵花鳳頭鸚鵡和最小的太平洋鸚鵡，體形足足差了四倍！不僅尺寸不太一樣，連外觀也不盡相同。接下來會在下一頁詳細介紹各種鸚鵡的特徵。

分類● 鸚鵡科 *Melopsittacus* 屬　全長● 約20公分
分布● 澳洲全區　壽命● 7～13年

小型

虎皮鸚鵡

在小型鸚鵡當中最受歡迎的種類。在自然界會組成群體一起生活，對其他種類的鳥類也較友善。因為相當親近人類，所以從以前就因可以停在手上而備受喜愛。虎皮鸚鵡的顏色和模樣豐富、多變，優秀的說話能力是其一大魅力。相較於其他鸚鵡，虎皮鸚鵡較健康、鳴叫聲也不會太大聲，即便是初次飼養鸚鵡的人也不會覺得太困難。

黃臉原生藍

黃臉歐泊藍

4色哈爾利奎淡紫

黃臉華勒淡紫

歐泊藍

●全長是指頭部到尾巴的長度。●藍字為羽毛顏色。
●全長和壽命皆為平均值，會有個體差異。

大頭虎皮

這種虎皮鸚鵡體長約23公分左右，比起一般的虎皮鸚鵡還要大上一圈。因為頭部（額頭）突出，所以眼睛看起來像是凹陷般。

羽衣虎皮

此為翅膀部分為捲毛類型的虎皮鸚鵡。因為頭部、背部、翅膀的部分皆為捲毛，所以又通稱為「藝術鸚鵡」。

雞尾鸚鵡

分類●鳳頭鸚鵡科*Nymphicus*屬　全長●30～35公分
分布●澳洲內陸區域　壽命●15～25年

雖然名字中只用到鸚鵡，但其實牠們是屬於鳳頭鸚鵡科。雞尾鸚鵡的特色是頭部長有冠羽（如雞冠般的羽毛）以及帶有橘色的臉頰，且尾巴相當長。牠們除了擅長說話之外，因為擁有絕佳的韻律感，所以也很擅長吹口哨模仿。個性溫和、情感豐富，且相當親人，因此是很受歡迎的品種。不過牠們有點膽小，如果突然有較大的聲響或是震動等，就會變得慌張、四處亂飛，造成一片混亂，讓所有人都知道牠們正在驚慌失措。

原生

這一隻為母鸚鵡，若是公鸚鵡，臉的顏色是正黃色。

黃化

白臉珍珠白

也有人將雞尾鸚鵡歸類為中型鸚鵡。

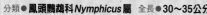

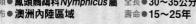

重度派特

肉桂派特

白臉肉桂珍珠派特

帕斯多派特

華勒輕度派特

小型

桃面愛情鸚鵡

分類● **鸚鵡科*Agapornis*屬**　全長● **15～17公分**
分布● **非洲西南部**　壽命● **10～12年**

特徵是短尾巴、圓滾的身形以及黑瞳孔。雖然較不擅長說話，但是個性活潑、習慣與人相處，因此也是深受大家喜愛的人氣品種。這種鸚鵡會對另一半表現濃厚的情感，在決定飼主的同時也會與對方建立深厚的關係。另一方面，因為牠們的地盤意識相當強烈，所以有可能會攻擊另一半以外的對象。

黃化歐泊

橄欖綠派特

蘋果綠歐泊

原生

美國派特

黃化

分類●鸚鵡科*Agapornis*屬　全長●14～15公分
分布●非洲東部到南部　壽命●10～12年

小型

牡丹鸚鵡

與桃面愛情鸚鵡一樣，與另一半感情相當良好。比起桃面愛情鸚鵡體形較小，個性偏內向，性格也比較神經質一點。特徵是多彩的羽毛，以及眼睛周圍有白環。雖然不善於說話，但是有些牡丹鸚鵡對於模仿音調和聲響相當擅長。

黃領黑牡丹鸚鵡

山吹牡丹鸚鵡

費氏牡丹鸚鵡

白牡丹鸚鵡

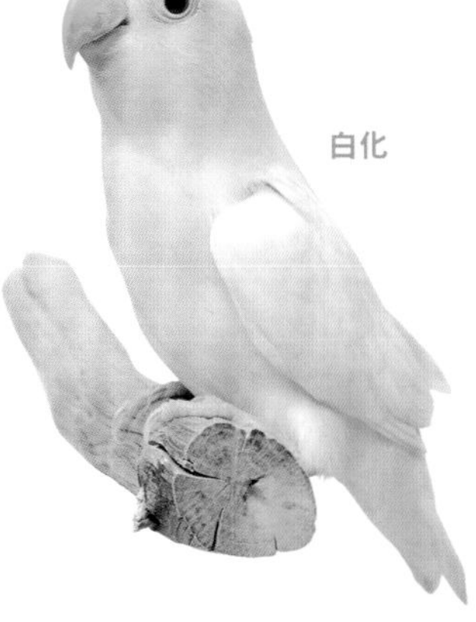
白化

「愛情鳥」是怎麼樣的鳥呢？

愛情鳥為桃面愛情鸚鵡和牡丹鸚鵡等的總稱。因為牠們都是成雙成對、感情非常好。也有一些說法認為當2隻鸚鵡靠在一起時，看起來就像愛心一樣，因此才稱呼牠們為「愛情鳥」。

分類● 鸚鵡科 *Bolborhynchus* 屬　全長● 約16公分
分布● 中南美洲　壽命● 約12年

小型

橫斑鸚鵡

如同其名，橫斑鸚鵡的特徵就是擁有波浪般的羽毛模樣。當飼主餵飼料時，牠們通常會前傾著身體吃，這樣邊走邊進食的姿勢相當可愛；另外，牠們的鳴叫聲相當安靜，性格也非常穩重，是很受歡迎的品種。此外，也擅長說話，喜歡肌膚接觸。不過要注意牠們容易排出軟便，有時也會排泄出未消化便，因此要以滋養丸（參考第5章）為主食。

綠條紋

藍條紋

綠色系條紋

原生

淡紫

分類● 鸚鵡科 *Aratinga* 屬　全長● 約13公分
分布● 厄瓜多、祕魯　壽命● 約20年

藍

原生（公）

小型

太平洋鸚鵡

雖說是小型鸚鵡，但是牠們活力相當充沛。太平洋鸚鵡通常不太說話，但因擁有獨特的動作和姿勢，是最近人氣逐漸攀升的品種。另外，牠們也有好強、具攻擊性的一面，鳥喙強勁有力，用手指逗牠們的話很危險要小心。

原生（母）

小型

秋草鸚鵡

此種鸚鵡的個性穩重、溫和，非常適合從雛鳥開始飼養。比起一個人玩樂，牠們更喜歡與人親近。牠們的鳴叫聲很小、十分楚楚可憐。

分類● 鸚鵡科 *Neopsephotus* 屬
分布● 澳洲內陸地區
全長● 約19公分
壽命● 約15年

中型

這種中型鸚鵡的個性變化多端，顏色及外觀也相當豐富，近年來人氣扶搖直上。因為牠們的體形比起小型鸚鵡還要大，因此要準備各種符合牠們身形的鳥籠、棲木等。

黑帽錐尾鸚鵡

特徵是脖子的周圍，混雜了一些宛如魚鱗模樣的白色羽毛。

分類 ● 鸚鵡科 *Pyrrhura* 屬
分布 ● 南美洲
全長 ● 約25公分
壽命 ● 15～20年

綠頰鸚鵡

雖然牠們個性非常活潑，喜歡黏在飼主身邊，不過鳥喙強勁有力，因此要特別注意。

分類 ● 鸚鵡科 *Pyrrhura* 屬
分布 ● 巴西中西部
全長 ● 約25公分
壽命 ● 約20年

玫額鸚鵡

如同其名，是帶有薔薇色的美麗品種。牠們很喜歡撒嬌及肌膚接觸。

分類 ● 鸚鵡科 *Pyrrhura* 屬
分布 ● 祕魯東部
全長 ● 約22公分
壽命 ● 約25年

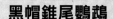

月輪鸚鵡

滑稽的動作讓牠們相當受到歡迎，不過也有鳴叫聲大、神經質的一面。

分類 ● 鸚鵡科 *Psittacula* 屬
分布 ● 印度、斯里蘭卡
全長 ● 約40公分
壽命 ● 約25年

漸層藍

和尚鸚鵡

擅長說話及模仿，雖然個性很穩重，但特徵是鳴叫聲很大。

分類 ● 鸚鵡科 *Myiopsitta* 屬
分布 ● 南美洲
全長 ● 約29公分
壽命 ● 約15年

藍色

紅腰鸚鵡

個性怕生、神經質，若太過於注意牠，可能會導致壓力累積使身體變差。

分類 ● 鸚鵡科 *Psephotus* 屬
分布 ● 澳洲東南部
全長 ● 約27公分
壽命 ● 約15年

肉桂歐泊

緋紅腹錐尾鸚鵡

羽毛擁有美麗的顏色組合，且具有非常愛玩耍的個性。

分類 ● 鸚鵡科 *Pyrrhura* 屬
分布 ● 南美洲
全長 ● 約23公分
壽命 ● 約15年

灰頭錐尾鸚鵡

雖然不太擅長說話，不過非常喜歡玩樂，個性還算穩重。

分類 ● 鸚鵡科 *Aratinga* 屬
分布 ● 哥倫比亞東南部
全長 ● 約28公分
壽命 ● 約15年

紅肩金剛鸚鵡

擅長說話及模仿，個性喜歡親近人及撒嬌。

分類 ● 鸚鵡科 *Diopsittaca* 屬
分布 ● 委內瑞拉
全長 ● 約31公分
壽命 ● 約30年

藍頭鸚鵡

特別喜歡在鳥籠外玩耍，也有愛撒嬌、有點神經質的一面。

分類 ● 鸚鵡科 *Pionus* 屬
分布 ● 巴西、祕魯
全長 ● 約28公分
壽命 ● 約25年

鱗頭鸚鵡

雖然與藍頭鸚鵡相似，但是以頭部沒有藍色部分便可區分。

分類 ● 鸚鵡科 *Pionus* 屬
分布 ● 巴西
全長 ● 約28公分
壽命 ● 約25年

太陽鸚鵡

特徵是華麗的體色，喜歡玩耍、與人親近，如果落單就會用鳴叫聲呼喚飼主。

分類 ● 鸚鵡科 *Aratinga* 屬
分布 ● 委內瑞拉東南部
全長 ● 約30公分
壽命 ● 約15年

吸蜜鸚鵡

個性活潑有朝氣，擅長說話。鳥喙前端尖銳，要注意不要被咬到。

分類 ● 鸚鵡科 *Eos* 屬
分布 ● 印尼
全長 ● 約28公分
壽命 ● 約25年

暗色鸚鵡

紫藍色的灰色漸層，相當美麗且人氣十足。個性有點愛計較，也有神經質的一面。

分類 ● 鸚鵡科 *Pionus* 屬
分布 ● 委內瑞拉、巴西
全長 ● 約25公分
壽命 ● 約25年

青銅翅鸚鵡

翅膀覆羽為淡雅的青銅色色調，性格穩重、溫和、乖巧且容易飼養。

分類 ● 鸚鵡科 *Pionus* 屬
分布 ● 委內瑞拉、祕魯西北部
全長 ● 約28公分
壽命 ● 約25年

白腹鸚鵡

雖然不太擅長說話，但是個性活潑、淘氣，是個有很多可愛小動作的品種。

分類 ● 鸚鵡科 *Pionites* 屬
分布 ● 巴西
全長 ● 約23公分
壽命 ● 約25年

黑頭凱克鸚鵡

特徵是如同其名擁有黑色的頭部，個性活潑、淘氣。鳥喙強勁有力，有時會輕咬飼主要小心。

分類 ● 鸚鵡科 *Pionites* 屬
分布 ● 巴西北部
全長 ● 約23公分
壽命 ● 約25年

橙翅亞馬遜鸚鵡

身體為綠色、羽毛為黃色的美麗品種。翅膀的黃色邊緣部分是其名字的由來。

分類 ● 鸚鵡科 *Amazona* 屬
分布 ● 南美洲
全長 ● 約30公分
壽命 ● 約15年

非洲紅額鸚鵡

特徵是巨大的鳥喙。雖然很親近人，但是性格上有點我行我素。

分類 ● 鸚鵡科 *Poicephalus* 屬
分布 ● 非洲
全長 ● 約32公分
壽命 ● 約35年

紅領虹彩吸蜜鸚鵡

特徵是脖子周圍有一圈紅色，擅長說話，習慣與人相處。

分類 ● 鸚鵡科 *Trichoglossus* 屬
分布 ● 澳洲
全長 ● 約28公分
壽命 ● 15～20年

塞內加爾鸚鵡

特徵是如老鼠般的頭部顏色，擅長玩玩具的個性派品種。

分類 ● 鸚鵡科 *Poicephalus* 屬
分布 ● 非洲
全長 ● 約25公分
壽命 ● 約30年

黑頂吸蜜鸚鵡

非常擅長說話，感情表達也相當豐富。獨特的動作很討人喜愛。

分類 ● 鸚鵡科 *Lorius* 屬
分布 ● 新幾內亞
全長 ● 約30公分
壽命 ● 約25年

大 型

聰明且非常擅長說話的大型鸚鵡，其魅力之一就是非常長壽。只是牠們的聲音比較大，因此飼養時要特別注重飼養的環境。

粉紅鳳頭鸚鵡

特徵是淡粉紅色的冠羽及粉紅色的身體。適應能力佳，也很擅長模仿人說話。

分類 ● 鳳頭鸚鵡科*Eolophus*屬
分布 ● 澳洲內陸區
全長 ● 約35公分
壽命 ● 約40年

非洲灰鸚鵡

性格雖然穩重，但是也有神經質的一面。智商很高，擅長模仿。

分類 ● 鸚鵡科 *Psittacus*屬
分布 ● 非洲西海岸
全長 ● 約33公分
壽命 ● 約40年

藍頂亞馬遜鸚鵡

如同其名，特徵是擁有有「藍色帽子」之稱的頭部以及藍色的前額。善於社交以及模仿。

分類 ● 鸚鵡科*Amazona*屬
分布 ● 南美洲
全長 ● 約35公分
壽命 ● 約40年

杜氏鳳頭鸚鵡

特徵是身體大部分為白色，眼睛周圍帶有一點藍色。喜歡向人類撒嬌。

分類 ● 鳳頭鸚鵡科 *Cacatua*屬
分布 ● 索羅門群島
全長 ● 約31公分
壽命 ● 約40年

米切氏鳳頭鸚鵡

粉紅色的身體以及紅黃色相間的冠羽模樣相當美麗。

分類 ● 鳳頭鸚鵡科 *Lophochroa* 屬
分布 ● 澳洲
全長 ● 約35公分
壽命 ● 約40年

黃冠亞馬遜鸚鵡

非常擅長說話，也很會模仿歌曲和音樂。性格大而化之。

分類 ● 鸚鵡科 *Amazona* 屬
分布 ● 中美～南美洲、祕魯
全長 ● 30～38公分
壽命 ● 約40年

巴丹鸚鵡

全身被白色羽毛覆蓋的大型鸚鵡。喜歡親近人類和撒嬌。

分類 ● 鳳頭鸚鵡科 *Cacatua* 屬
分布 ● 印尼
全長 ● 約45公分
壽命 ● 約40年

葵花鳳頭鸚鵡

特徵是黃色的冠羽。非常擅長模仿，相當親近人。

分類 ● 鳳頭鸚鵡科 *Cacatua* 屬
分布 ● 澳洲
全長 ● 約50公分
壽命 ● 約40年

鸚鵡的

身體特徵

為了讓飛行更有效率的身體構造

為了讓鸚鵡更長壽、更有朝氣的生活，首先要先了解鸚鵡的身體構造。

飛翔於空中的鳥類，牠們的身體比起其他動物來說，由更多不同的構造組成。其中最大的不同就是擁有羽毛。另外，骨頭及內臟也變得較輕盈；為了不讓食物長時間存於消化器官內，身體的構造變得更輕量化。再者，為了飛行，胸部的肌肉較為發達也是特徵之一。

鸚鵡的體溫比人類高，約維持

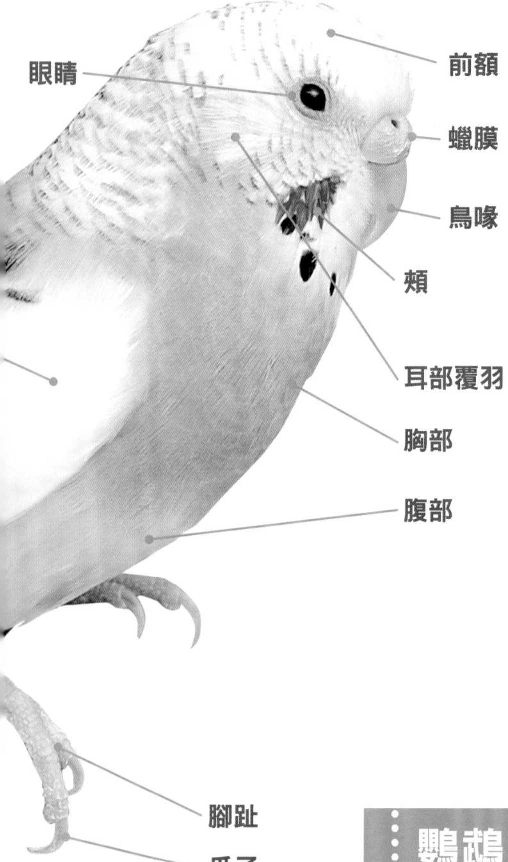

特徵1 鳴管

位在鳥類肺部周圍（氣管與支氣管的交界處），透過震動此處的管壁，就能發出鳴叫聲。比起其他鳥類，鸚鵡的鳴管肌肉更為發達。有些人認為這也許是鸚鵡說話能力高的原因。

特徵2 骨骼

位在胸部附近有一個稱作「龍骨」的大骨頭，為了飛行，這裡有發達的胸肌（胸大肌）作為支撐。雖然大部分的骨頭皆為中空，但是其中也有許多細小支柱維持強度。這些演化都是為了讓鸚鵡的體重減輕以利飛行。

鸚鵡的身體構造名稱&鳥類特有的特徵

在40～42度C。如此的高溫可以幫助鸚鵡促進新陳代謝，也能確保牠們擁有隨時能飛行的能量。

特徵3 羽毛

鸚鵡羽毛的重量約占總重量的10%，其中分成正羽（外層羽毛）以及下面的絨羽（纖細羽毛）2種；覆蓋於全身的正羽又可分成體羽（負責彈開水分）以及飛行羽（負責飛行的翅膀）。絨羽覆蓋於體表產生空氣，具有保溫、防水等的功能。

特徵4 消化器官

位於食道前半段有一個稱作「嗉囊」、類似袋子的器官，吃進去的食物會在這裡停留並浸泡。此外，鳥類的胃部又可分成腺胃和肌胃，將食物磨碎之後便由小腸吸收。鳥類因為沒有大腸及膀胱，因此排泄物不會囤積在體內，尿液則以固態狀排出，排泄物中白色的部分就是尿液。

特徵5 呼吸器官

主要以遍及於全身、稱作「氣囊」的特殊器官運作，負責鳥類飛行時氧氣的供給，如海綿般的存在。因為鳥類不會排汗，其體溫會從氣囊發散，具有調節身體溫度之作用。

特徵6 尾脂腺

位在腰的上半部，由油脂成分的物質所構成的一種腺體。鸚鵡用鳥喙整理羽毛時，會將油脂成分塗抹於全身，發揮防水的作用。這個油脂成分以及新羽上所覆蓋的角蛋白，就是會從鸚鵡身上掉落，稱作「脂粉」的粉狀物質。

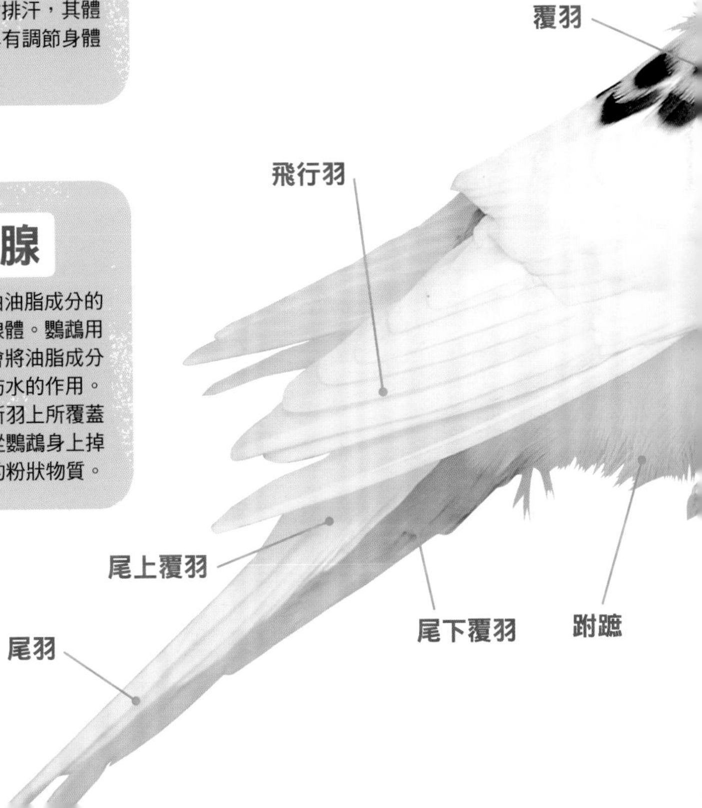

鸚鵡的
成長

身體成長之外，內心也一同發展

鸚鵡無論何時看起來都很可愛，不過這樣反而很難從外觀判斷年齡。但是，其實所有的動物都一樣，鸚鵡會長大、成熟、年紀也會不斷增加。經過長時間的觀察，鸚鵡不僅在身體上有所改變，在精神方面也逐漸成熟。

舉例來說，鸚鵡的雛鳥時期、成鳥時期，到高齡鳥時期（參考p.62～63）就跟人類的嬰兒期、青春期到老年期一樣。面對各方面包含精神狀態的變化時，會有著完全不

關於鸚鵡的成長飼主應注意的要點

清楚明瞭鸚鵡正處於哪一階段

野生鸚鵡從雛鳥時期，就會從父母或夥伴那裡學習築巢、尋找食物、繁殖等，都是十分自然地在逐漸成長；然而，作為寵物的鸚鵡則是看著人類的行為長大，因此隨著成長階段變化則會出現較為複雜的型態，有時也可能會做出讓人類困擾的舉止。像是出現突然咬人等的問題行為，飼主可以試著思考鸚鵡目前正處於哪一個成長階段，也許有可能是進入叛逆期也說不定。

根據成長階段玩具也會不同

幼鳥時期的鸚鵡，正處於智力高度發達的時期。此時，因好奇心相當旺盛，盡可能地多放一些玩具在鳥籠裡。鸚鵡進入成鳥時期的玩具，大概隔一週變換1～2個玩具即可。不過若是沒有繁殖的打算，要適時控制鸚鵡不必要的發情，也必須考量到玩具的分配（參考p.90～91）。

同的反應。因此，即便覺得有點難以理解，還是要讓鸚鵡的身心能夠健全成長。

出生後的8週，不要離開親鳥以學習「社會化」

鸚鵡從出生到幼鳥時期的這個時期，是教導「社會化」（參考p.97）非常重要的階段。一開始會以親鳥當作學習對象，因此，至少在出生後的8週內都得待在親鳥旁邊學習。

最好飼養出生9週後的鸚鵡。

叛逆期的問題行為

【第一叛逆期】

主因為「自我意識的萌芽」，從一直以來對於親鳥（飼主）的依賴狀態轉變，察覺到自己和飼主不屬於同類。會採取拒絕飼主幫助的態度。

【第二叛逆期】

如果以人類比喻的話，就是指「青春期」。此時，進入了是否要向飼主撒嬌，但又不想被干預的複雜心情，因而呈現容易暴走的狀態。

特別注意 叛逆期和性成熟期

鸚鵡的叛逆期和人類一樣會發生2次（參考p.62～63）。進入叛逆期時，不僅會引發一些問題行為，也會出現一些棘手的狀況。此時，請飼主盡量放寬心來處理。如果叛逆期結束，就即將面對鸚鵡可以繁殖的性成熟期，此時的鸚鵡會因發情而做出一些無法控制的行為。一旦開始發情，牠們為了保護另一半和領地，就會做出攻擊的舉動。如果這時飼主是牠們的另一半，也就是發情的對象，牠們也會展開求愛行為（參考p.90、135）。

性成熟期的求愛行為

【反芻吐料】

將吃進去的食物吐出來給予對方的舉動，有時也會發出悲淒的鳴叫聲。

【身體的接觸】

公鸚鵡會用屁股摩擦飼主的手；母鸚鵡則是尾羽上揚，這些都是想要交配的舉動。

【築巢】

桃面愛情鸚鵡會用翅膀當作剪刀，將紙切成細長狀並帶回巢中。也有可能一進入小箱子中，就把箱子當作鳥巢產生發情行為。

成長月曆

小鳥	幼鳥	親餵雛鳥	初生雛鳥	
				外觀
小型鸚鵡 出生後5～ 8個月 中型鸚鵡 出生後6～ 10個月	**小型鸚鵡 出生後35天～ 5個月 中型鸚鵡 出生後50天～ 6個月**	**小型鸚鵡 出生後20～35天 中型鸚鵡 出生後20～90天**	**出生後 20天**	大概成長天數
小學生 （8～13歲左右）	**幼兒期到 8歲間的 第一叛逆期**	**嬰兒期**	**新生兒期**	換算人類歲數
從雛鳥 轉變為成鳥， 換羽期 到性成熟期	**已經可以 自己進食， 即將進入 換羽階段**	**即將可以 開始自己進食 的階段**	**剛破殼而出， 營養來源的 蛋黃還 留存於體內**	身體
身體已逐漸轉變為成鳥，進入可以自立生活的時期。此時，求知慾、好奇心特別強烈，對所有的事物都會產生興趣。	投入愛意的對象會從照顧自己的「雙親（飼主）」，轉移至「另一半」。這也是鸚鵡自我意識萌芽、開始出現個性的成長證據。	開始有了感情，對於照顧自己的對象會產生「愛意」，此時也開始擁有判斷力。出生後8週若是由親鳥照顧，較能切身學習到「社會化」（參考p.97）。	此時，並不具有感情及判斷力，是一段必須得依賴親鳥，否則無法存活的時期。	精神狀態

完整記錄
從雛鳥到成鳥

鸚鵡的

高齡鳥	安定鳥	成鳥後期	成鳥前期
	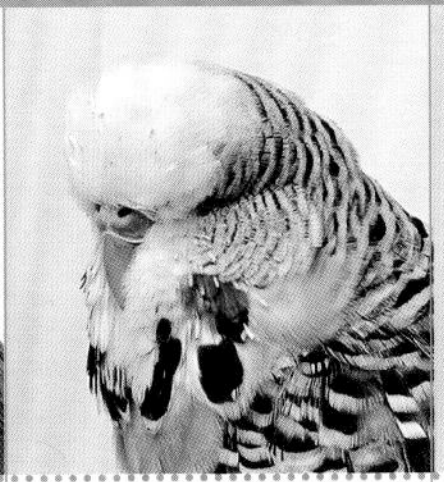		
小型鸚鵡 8歲以後 （壽命約10～15歲）、 中型鸚鵡 10歲以後 （壽命約15～20歲）	**小型鸚鵡 4～8歲 中型鸚鵡 6～10歲**	**小型鸚鵡 出生後10個月～ 4歲 中型鸚鵡 1歲半～6歲**	**小型鸚鵡 出生後8～10個月 中型鸚鵡 出生後10個月～ 1歲半**
50歲以後的 高齡期	**35～50歲左右的 中年期**	**18～35歲左右的 成年期**	**13～18歲左右的 青春期 （第二叛逆期）**
成熟期以後	**繁殖消退期到 成熟期**	**繁殖適應期**	**從性成熟期 到繁殖適應期**
舉止變得緩慢、成熟，對新的事物通常不太表現出興趣。只要待在飼主的手上或是整理羽毛就會感到滿足，每天過著安穩的日子。	由於迎接中年，精神上變得安定。此時的行動雖然穩定，但是因為無聊有時也會做出問題行為。可以加入覓食學習（p.112～117）的活動，在每天的生活中給予牠們一定的刺激。	身心俱全、充滿活力的時期。此時，因為太想與另一半結合，反而增加了「呼喚鳴叫」等問題行為的次數（p.152～159）。	此時的智力已相當發達，會想要與另一半對話。另一方面，身體和內心變得較不安定，可能會引發具攻擊性的問題行為（p.152～159）。

 ※成長天數的推估依種類及個體而異。

COLUMN

非洲灰鸚鵡已被指定為「CITES I」！

非洲灰鸚鵡（包含提姆那灰鸚鵡）作為高度瀕臨絕種的鳥類，於2016年10月華盛頓公約會議中被指定為「CITES I」（華盛頓公約附錄一之物種）。也就是說，對於未登錄的非洲灰鸚鵡禁止其被販賣、移動、讓渡他人。因此，目前正飼養非洲灰鸚鵡的飼主想要轉讓給他人時，必須要持有登錄證。

若是在沒有登錄證的情形下轉讓，僅能由動物園、指定設施或是研究機關等接收。不過這樣的話，原本作為家人而備受寵愛的非洲灰鸚鵡，有可能會造成生活環境的大幅轉變。即使現在並沒有要馬上登錄的人，也請認知到非洲灰鸚鵡是可以存活至50年以上的長壽鳥這一事實。

未來，考量到可能會發生各種事情，而無法飼養到最後的情況，現在若已經飼養非洲灰鸚鵡或提姆那灰鸚鵡的人，請盡量提早登錄吧。

需要登錄證的情形

- **轉讓給親戚或朋友等**
- **轉讓給他人（不論是否需要費用）**

※若是違反規定，可能會懲處5年以下勞役或易科罰金500萬日圓以下，請格外留意。

非洲灰鸚鵡
（p.56）

不需要登錄證的情形

- **現在由個人持續飼養中**
- **帶著鸚鵡一同旅行、住宿**
- **住進動物醫院**

※雖然除了緊急情況以外不需用到登錄證，但考量到「寄養」可能有爭議的情形存在，還是持有較佳。

提姆那灰鸚鵡

為非洲灰鸚鵡之亞種，棲息地位於非洲中西部。體形上比非洲灰鸚鵡還要小一圈，上鳥喙的顏色為淡粉紅色。羽毛為深灰色，尾羽則有葡萄茶色、深灰色和黑色等。

※臺灣的詳細情形請上行政院農業委員會網站：https://www.coa.gov.tw/。以及參考《野生動物保育法》等確認。

3章

迎接鸚鵡的準備&初期的飼養方法

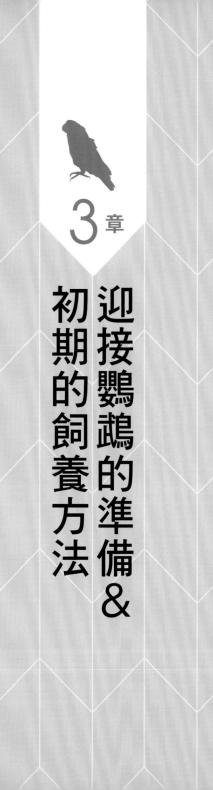

飼養鸚鵡的必備條件

身為飼主應負起責任

有一些人認為，鸚鵡身體很小且一般放在鳥籠中飼養，不用帶出去散步很輕鬆。不過，當我們在飼養任何生物時，就代表著掌控了牠們重要的生命以及飼養的責任。因此，鸚鵡是否能夠幸福的生活，完全取決於飼主。飼養動物時，應該學習鸚鵡相關的基本知識，並對牠們的生活、健康等負起責任，因此請一定要投入感情來照顧。

首先，就來學習飼養鸚鵡所必備的知識。

1 飼養環境

自己能否照顧好鸚鵡

一旦開始飼養鸚鵡後，每天就必須進行餵食、換水等日常工作。因此，除了溫度及營養的控管不可或缺之外，也必須認真清理鳥籠，讓鳥籠時常保持乾淨。再者，鸚鵡是一種生活作息相當規律的動物，時間分配也顯得重要。因此決定飼養之前，請先問問自己能否每天這樣子照顧鸚鵡。

確認適合擺放鳥籠的空間

即便是小型鸚鵡的鳥籠，也有相對來說住起來舒適的尺寸。因此，重要的是必須先確保鳥籠的空間能否讓鸚鵡安心的生活。此外，根據鸚鵡的品種不同，有些鸚鵡的鳴叫聲很大，為了不造成鄰居的困擾，必須好好安排規劃。若是居住在公寓裡，首先要確認是否可以飼養鸚鵡。

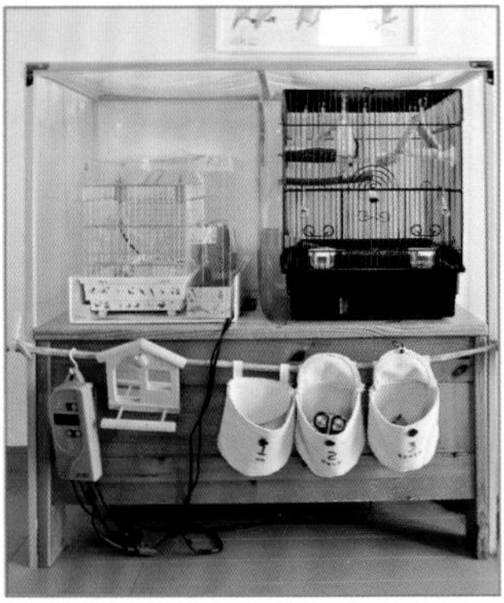

2 鸚鵡的壽命

非洲
灰鸚鵡

杜氏鳳頭
鸚鵡

粉紅鳳頭
鸚鵡

大型鸚鵡相當長壽，壽命平均為30～50年。

有些大型鸚鵡能活到50年

鸚鵡的尺寸和品種雖然不盡相同，但就連平均壽命約有7～8年的虎皮鸚鵡，如果妥善飼養的話，也有存活10年以上，甚至存活到20年以上的；而中型、大型鸚鵡的平均壽命就更長了，有些大型鸚鵡能夠存活30～50年。因此，在決定飼養鸚鵡時，除了要先考慮到自己是否能飼養一輩子之外，也要斟酌是否能夠配合自己的生活規律。

3 飼養費用

飼料費用、電費以及醫療費都須考量

在購買鸚鵡前，除了鸚鵡的費用之外，也必須購買鳥籠、以及飼養時需要用到的物品。另外在飼養期間，保存飼料和控管溫度所需的電費、看醫生和生病時的費用等各種支出也必須考量。因此，若是已經抱有必要花費的覺悟來飼養鸚鵡的話，為了應付緊急狀況的發生，可以開一個鸚鵡專用帳戶，或是投保寵物險等，飼主也能更安心。

4 獲得家人的理解

告知其負擔和風險

飼養鸚鵡時，羽毛和脂粉肯定會掉滿室內。如果家中有人會因脂粉而引起氣喘等疾病、或是有不喜歡鳥類的家人的話，要飼養鸚鵡就會變得相當困難。再者，飼養也必須花費時間和金錢，以及鳴叫聲可能會吵到家人。因此，最重要的是必須在飼養前將所有可能的情況都妥善傳達，且獲得家中所有人的同意。

如何遇到適合自己的鸚鵡

除了購買之外 也可利用轉讓方式

為了能遇到健康且容易飼養的鸚鵡，重要的是必須親眼觀看及挑選。因此，最好的入手方法就是前往鳥類或鸚鵡專賣店購買。另外，也能夠跟寵物店、繁殖場購買，或是透過親友轉讓等各種方式。

如果是首次飼養的話，盡量挑選已經不需要自己餵食的幼鳥期鸚鵡會較保險。幼鳥期以後的鸚鵡相對親人，且體力足夠、不易患病，照顧起來也會較為輕鬆。

購買鸚鵡

在專賣店購買

如果是在鳥類和鸚鵡專賣店購買的話，不僅能接觸到不同的品種，店內也有對鸚鵡熟知的店員。不僅能向店員請教特定品種的相關建議之外，也能在購買後討論飼養的問題等，也算是專賣店的優點之一。

在專賣店，光是鸚鵡就有五花八門的品種。

在寵物店購買

連鎖寵物店裡，店內有些員工或許對於鸚鵡和鳥類的事不甚熟悉。若是能夠請教對鸚鵡有一定知識的店員，且已經決定要哪種品種的話會更好。購買鸚鵡後，也能順便購買相關的用具和飼料等。

跟繁殖場購買

若是已經決定好想要飼養的品種，就能直接向該品種的繁殖場購買，不僅得病、感染的機率較低，也能同時確認、追溯鸚鵡的雙親等。再者，還可以從場主那裡獲得該品種獨特的飼養建議等，讓飼主更有信心。

在網路購買時需注意的要點

如果家附近找不到購買處的話，也可以透過網路找尋。只是在網路上購買，不僅無法親眼看到，令人感到不安，也會擔心在運送過程產生問題。如果一定得透過網路購買的話，可以選擇合法立案的「特定寵物業」業者或繁殖場，並盡可能地當面接收吧。

即將開始飼養前，先確認以下事項吧！

□ **鸚鵡的品種（性別）**
根據品種，鸚鵡的體質或所用飼料也不盡相同，因此在飼養前，請先確認相關的照顧要點。在了解的同時，也可順便詢問性別。

□ **鸚鵡的出生日期**
如果無法確切得知鸚鵡的出生日期，至少確認大概的時期。為了掌握鸚鵡的健康狀況及精神狀態，這一點非常重要。

□ **原先所用的飼料種類**
不同的鸚鵡，可能會有各自喜歡或討厭的飼料。盡量詳細詢問鸚鵡原先所用的飼料種類及品牌、餵食方式等。

□ **原先的飼養環境**
確認原先居住的鳥籠擺放位置和溫度管理等，可以的話盡量準備得和先前一樣，較能減少鸚鵡的壓力。

轉讓獲得

透過朋友或熟人

也可以透過原先就有飼養鸚鵡的人，獲得剛出生的雛鳥。不僅可以清楚知道鸚鵡雙親，對於飼養環境也相當了解，令人放心。得到雛鳥後，也可以和對方交換相關資訊。

如果是初次飼養，要怎麼挑選鸚鵡呢？

● 該選哪個品種？
建議挑選身體強壯、容易照顧的虎皮鸚鵡或雞尾鸚鵡。畢竟這兩者都是人氣品種，飼料的選擇也相當多元，更可以獲得許多飼養方法的資訊，飼養起來會更安心。

● 該選公的還是母的？
建議挑選公鸚鵡。母鸚鵡較容易因發情導致生病，而發情時的情緒管理也相當費工夫，且比起公鸚鵡，母鸚鵡的壽命相對較短。不過，在雛鳥期難以辨別性別，所以有時可能無法購買到期望性別的鸚鵡。

● 該養1隻還是多隻呢？
如果想和鸚鵡變得親密的話，建議飼養1隻就好。此外，鸚鵡的同伴意識很強，若是飼養多隻鸚鵡的話，會與彼此形成群體社會，反而不容易親近人類。

如何分辨健康的鸚鵡

確認鸚鵡是否健康的要點

初次飼養鸚鵡時，都會想要選擇健康的鸚鵡。為了分辨是否健康，請試著仔細觀察鸚鵡。首先，觀察鸚鵡是否都有正常地吃飼料。並事先了解健康鸚鵡的糞便狀態，再對照檢查鳥籠裡的糞便。其他需要確認的部分，請見下方的各部位要點說明。

不過，若是對當事鸚鵡還不熟悉，就難以辨別其詳細的健康狀態。因此若有任何問題，還請事先向寵物店店員或繁殖場仔細確認。

鼻孔

沒有打噴嚏或鼻水，鼻孔周圍也很乾淨。

眼睛

眼睛明亮，用力時不會流出眼淚或產生眼屎。

鳥喙

咬合正常，且正常地吃飼料；沒有奇怪的呼吸聲音，周圍也很乾淨。

一開始先從遠方仔細觀察

鸚鵡習慣隱藏自己身體狀況不佳的一面，因為在大自然中，如果身體狀況不佳的話，容易成為天敵的目標。在觀察鸚鵡時，若直接靠近，即便鸚鵡狀況不佳也會將其隱藏。因此，建議一開始先待在遠處觀察。

選擇雛鳥的要點

無論是已經飼養鸚鵡的人，或是希望鸚鵡停在手上的人，
應該都有選過雛鳥的經驗吧。在選擇雛鳥時，請參考以下的要點。

- □ 眼睛沒有太過溼潤
- □ 上下鳥喙確實密合
- □ 身體有一定程度的肌肉、體格勻稱
- □ 雙腳粗細適中、扎實
- □ 走路沒有問題
- □ 羽毛乾淨、無髒污
- □ 翅膀能強而有力地擺動

動作

不會一直呈現睡覺或
打瞌睡的狀態，而是有精神地
吃著飼料，活潑好動。

羽毛

兩側的羽毛都有確實折疊好，
並且沒有髒污，根根分明、
排列整齊、色澤也飽滿。

糞便

糞便由綠色部分及水水的
白色部分（尿酸）混雜而成，
有點綠色是因所食飼料的
顏色而產生。

腳部・腳趾

腳部沒有彎曲，
指甲和爪子都很正常，
能夠確實步行及
停在棲木上。

屁股

屁股無任何出血，
周圍乾淨沒有髒污。

可以事先準備的飼養用品

鸚鵡專用的物品須事先準備

當要迎接鸚鵡的時候，可以在鸚鵡抵達家裡前先準備好必要的物品。

首先一定要備好的是鳥籠，裡面放有棲木，並準備飼料盆、水盆等。市面上會有成套準備好的鳥籠，不過還須確認是否符合鸚鵡身形大小再開始使用。再者，為了應付鸚鵡身體狀況不好時，保溫用的器具也相當重要。其他還有玩具、鳥籠鎖扣、插菜盆、指甲剪等，這些可以慢慢再來補齊。

先準備這些吧

棲木

有已經裝在鳥籠上、以及放置的類型。棲木的素材大多為木製，也有可以變換形狀的棉繩製品。請先確認哪一種適合放在鳥籠裡，以及是否符合鸚鵡的體形。粗細大約是手指的一半粗即可。

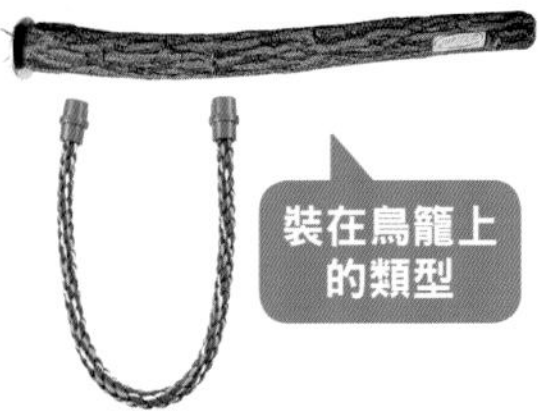

鳥籠

選擇適合鸚鵡大小的鳥籠，按照一般尺寸的規格，小型鸚鵡適用底部35公分的四方形鳥籠，中大型則是45公分左右。為了方便清理，建議挑選形狀簡單的類型。如果要鸚鵡停在手上的話，挑選出入口較大的類型會更方便。

小型且訓練停在手上適用
（34×24×36公分）

小型適用
（37×41.5×44公分）

大型適用
（46.5×46.5×67.8公分）

中型適用
（46.5×46.5×56.5公分）

p.72～73的用品皆為鸚鵡專賣店「こんぱまる」（p.12）商品。

保溫器具

無論是雛鳥、老鳥或是身體欠佳的鸚鵡，鳥籠內是否溫暖都相當重要。即便是健康的鸚鵡，即使冬天以外的季節也可能會有覺得冷的時候，因此保溫器具絕對是必要的物品。雖然有適合雛鳥鳥籠的面板加熱器、能夠恆溫的薄膜電熱片，以及放入保溫燈泡的迷你寵物加熱器等各式各樣的器具，但無論是哪一種，都要特別注意溫度突然飆升，導致鸚鵡燒傷的狀況。

薄膜電熱片　面板加熱器　迷你寵物加熱器

飼料盆

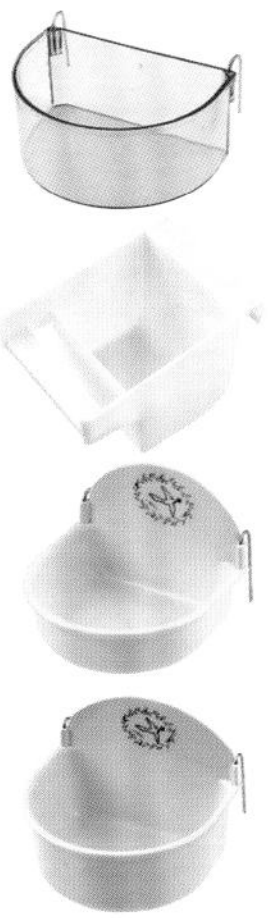

一般來說直接使用籠子附的飼料盆即可，但也有可能因飼料盆深度太深，導致不易使用的情形，此時便最好另外準備較淺的類型。如果是掛在鳥籠上的類型，則方便取出利於清理鳥籠。另外，因為中大型的鸚鵡力氣大，所以最好選擇堅固的陶瓷製會更安心。

水盆

放置於鳥籠底部的類型，也可以在鸚鵡洗澡時使用；若是直立類型，則不用擔心水會因飼料或糞便而變髒。因此，需要考量到鳥籠的尺寸和設計，選擇最適當的類型。

體重計

為了能提早發現鸚鵡生病或過胖，一定要養成正確測量體重的習慣。若是以1克為單位來測量的話，可以準備一臺料理秤。

目前已經準備的檢查清單

先準備這些器具

- ☐ 鳥籠
- ☐ 棲木
- ☐ 飼料盆
- ☐ 水盆
- ☐ 保溫器具
- ☐ 體重計（料理秤）

也準備這些東西

- ☐ 外出籠
- ☐ 鳥籠鎖扣
- ☐ 插菜盆
- ☐ 牡蠣殼粉料盆
- ☐ 溫溼度計

如果有這些會更方便

插菜盆

主要用來放蔬菜時使用。可以選用像照片這種類型，另外也有用夾子夾住蔬菜的類型。

牡蠣殼粉料盆

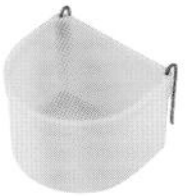

可以直接使用小型鸚鵡的飼料盆。若是掛在鳥籠上的，便可輕鬆拿取，利於清潔。

溫溼度計

為了能仔細觀察鸚鵡的狀態（參考p.82～83），像是太冷或太熱等需要精確檢查時，便要事先準備溫溼度計。

外出籠

若要去醫院或移動時使用，請先準備一個尺寸適中的類型。

小型適用（14×20×15公分）

小～中型適用（29.6×23.3×30.5公分）

鳥籠鎖扣

為了不讓鸚鵡用鳥喙將籠子打開，可以用鎖扣代替一般的鎖將出入口拴住。

著手準備飼養環境

在迎接鸚鵡到來前，將鳥籠內的物品先擺好

在鸚鵡到來前，先將飼養所需的基本用品準備齊全，並將用品擺好。將飼料盆和水盆擺在方便使用的位置，並善加利用鳥籠內的空間。另外，將2根棲木分別放在鸚鵡能夠飛行移動的位置，稍微有點高低差會更好。接著，再將1～2個玩具放在不會影響到鸚鵡移動的邊邊位置；溫溼度計則掛在方便看到的外側，保溫器具也需事先確認好位置。

鳥籠的配置圖範例

插菜盆

事先放入新鮮的蔬菜，或是用夾子夾著掛在鳥籠上的類型。

玩具

不要隨意地放一堆進去，而是放入1～2個鸚鵡喜歡的就OK。盡量放在不會影響到鸚鵡移動的位置。

溫溼度計

放在方便觀看的位置。當鸚鵡看起來忽冷忽熱時，需要多次來回檢查。

棲木

最少放入2根，盡量放在前後、以及有高低差的位置。

飼料盆①

放主食的盆子。選擇大小適中、方便清洗的類型。使用鳥籠原本附的也可以。

水盆

可以使用鳥籠附的水盆，或其他像是有蓋子等的各種類型，盡量選擇方便使用、方便清潔的。

飼料盆②

放入牡蠣殼粉（p.109）等的副食，比主食用的再小一點即可。

鳥籠鎖扣

為了不讓鸚鵡打開門飛走，以鳥籠鎖扣代替一般的鎖拴住。

防止鸚鵡發生事故

引發鸚鵡發生事故的情況有很多種，像是被踩到、被夾到、逃跑，或是鸚鵡誤食異物等。無論是什麼原因，都是因為飼主沒有仔細留意。為了防止類似的事故發生，請注意以下提及的事項。若與家人同住的話，必須告知家人並確實遵守。

□ **放風時視線不要離開鸚鵡**	如果不知道鸚鵡飛到哪裡去時，就有可能發生不小心被夾、被踩的事故。因此要確實掌握鸚鵡的所在地。
□ **窗戶一定要確實關緊**	為了防止鸚鵡突然從鳥籠飛出來，一定要先將鳥籠房間的窗戶確實關緊。紗窗也必須鎖好。
□ **切勿將小東西放著不收**	像是容易造成鸚鵡誤食的配件、迴紋針、橡皮筋等小東西，千萬不要隨意放在室內。放風時，務必將這些東西收拾好。
□ **將危險的東西收起來**	可能會造成中毒的有害植物（參考p.187）、玻璃等尖銳物品、鉛筆和美工刀等危險物品、可能會造成燙傷的熨斗和暖氣設備、電鍋等，盡量都不要放在有鸚鵡的房間裡。

放置鳥籠的空間

像這樣的空間 ○

- □ 例如客廳等家人聚集的地方
- □ 一天內溫差不會太大
- □ 有適度日照且通風佳
- □ 不會太吵雜，能夠靜下心來

像這樣的空間 ×

- □ 一天內溫差太大
- □ 離出入口太近且人進出過於頻繁
- □ 太陽直曬
- □ 一天內沒有太多日照且陰冷
- □ 會受風吹雨淋
- □ 直接對到冷氣口
- □ 幾乎沒有人會去的空間
- □ 時常會見到烏鴉、貓等天敵

鸚鵡來到家中的前十天

讓鸚鵡靜靜地適應新環境

在迎接鸚鵡來到家中時，首先要想到將鸚鵡帶回來時需注意的事項。為了不讓鸚鵡覺得疲憊或是感到壓力，請不要再去其他地方而是直接回家。依據季節，像是暖暖包之類的保溫小物也非常重要。回到家後，立刻將鸚鵡放到已經整理好的鳥籠裡。也許這時候會覺得鸚鵡好可愛忍不住就想開始跟牠玩，但請飼主一定要忍耐。為了讓鸚鵡能夠覺得放鬆、並順利地融入新環境，此時飼主就在旁邊靜靜守候吧。

當鸚鵡第一天到家中

1 不要一直盯著，先讓牠自己待著

從別的地方移動到家中的鸚鵡，會因為緊張而感到疲倦。如果在鸚鵡這樣的狀態下，飼主還一直目不轉睛地盯著看的話，牠們一定會備感壓力。可以的話盡量不要發出聲響，也不要過度盯著看。請飼主暫時先與鸚鵡保持一點距離，讓牠們自己安靜地待著。

2 維持與原先相同的環境和生活

若是給鸚鵡的新環境與之前的生活環境差異過大時，會造成鸚鵡的負擔。請事先向前一位飼主請教，盡量將環境溫度、濕度等也保持和之前一樣。另外，鸚鵡的睡覺時間等生活節奏也盡量要與之前相同。

3 提供跟以前一樣的飼料

剛到來的頭幾天，即便給牠們跟之前同樣的飼料，不肯吃的鸚鵡也很多，更何況突然換成別種的飼料，鸚鵡就更加不想吃了。因此，在牠們習慣前，無論是飼料的種類和餵食次數，請都和原先一樣。

第2～3天

溫柔地呼喚牠們的名字吧

這時候鸚鵡尚未習慣新的環境，且一定會感到緊張。此時，盡量不要跟鸚鵡有太多肌膚接觸，為了讓牠們可以認識飼主，有時候可以溫柔地呼喊牠們的名字，或是跟牠們說說話。等到鸚鵡比較平靜後，再將牠們放出鳥籠幾分鐘。這時還是要靜靜地守在旁邊，為了不讓牠們感到壓力，在與牠們接觸時一定要特別留意。

第4～5天

與鸚鵡接觸時，飼主要保持笑容

當牠們已經開始習慣後，便可以邊呼喊牠們的名字，邊給予點心，開始與牠們進行肌膚接觸。此時別忘了要保持笑容。如果飼主一直笑咪咪的話，不僅能夠消除鸚鵡的緊張及害怕的感覺，應該也會逐漸習慣飼主的手。

到了7～10天左右

注意鸚鵡的身體狀況！

當鸚鵡習慣新環境之前，為了不讓對方看到自己身體不好或軟弱的一面，都會假裝自己沒事。當牠們開始讓飼主看到自己狀況不佳的一面時，通常表示已經習慣新環境了。飼主要仔細觀察鸚鵡，如果發現鸚鵡好像狀況不太好時，請立刻帶牠們就醫。即便身體狀況好像沒事，早點前往獸醫院接受健康檢查也會比較安心。關於飼養若是有不清楚的地方，可以在就醫時仔細確認。

鸚鵡 這些事想要知道Q&A

Q 飼養多隻鸚鵡時要注意哪些事呢？

A 優先選擇個性相合的鸚鵡。

飼養多隻鸚鵡時，首先要考慮的就是所有鸚鵡們的個性。即便是來自相同出生地的鸚鵡，因彼此之間性質相近大多能處得很好，不過還是事先詢問專賣店或寵物店吧。

在迎接新的鸚鵡時，還沒辦法正確掌握牠是否有生病前，先將新的鸚鵡放在其他房間2～3週。等到確定牠身體健康後，再讓牠與之前已經飼養的鸚鵡們見面。不過，還是要先將彼此的鳥籠放在同一房間中，保持一點距離的位置。這是為了讓牠們了解彼此存在的開端。幾天過後，再慢慢地將鳥籠移近。

即便鸚鵡之間都習慣彼此後，也不要同時將多隻鸚鵡一起放風。因為有可能無法同時照顧，且可能有發生事故的危險。

Q 如果有其他動物時，需要注意哪些地方呢？

A 絕對不能讓鸚鵡待在有貓狗的房間。

像是貓狗等肉食性動物，隨時都有可能會襲擊鸚鵡。實際也有發生過即便相處融洽多年，但在某一天飼主稍微離開視線時，狗就將鸚鵡吃掉的案例。即便牠們的感情看起來很好，也絕對不能將貓狗和鸚鵡放在同一間房間。

不過，像是兔子或烏龜等的草食性動物，若是相處融洽甚至能夠一起生活。此時，和其他鳥類同伴相處時情況一樣，也要讓彼此慢慢拉近距離較佳。

Q 飼養鸚鵡時，家中有小孩怎麼辦？

A 特別注意衛生以及鸚鵡可能發生的事故。

在有小孩的家庭裡飼養鸚鵡時，必須要特別注意清潔。因為鸚鵡的羽毛和脂粉等會亂飄，因此要確實清理鸚鵡待過的房間。另外，照顧好鸚鵡之後，請務必一定要先用肥皂洗手，再去接觸小孩。

如果小孩想要摸鸚鵡的話，首先要確實教導他們與鸚鵡的相處方式。再者，盡量避免在有小孩的房間放風。因為有小孩在的話，大多會發生不小心踩到鸚鵡、讓門夾到鸚鵡、鸚鵡從窗戶逃出等的意外。

4章

鸚鵡的每日生活&照料

鸚鵡的一天以及必要的照料

一起在早上起床，晚上入睡

鸚鵡屬於日出起床、日落睡眠的日行性動物。因此照顧鸚鵡最重要的事，就是安排牠一天的作息時間，且絕對不要讓鸚鵡和飼主一起熬夜。如果鸚鵡在明亮的地方待的時間過長，則會破壞鸚鵡的荷爾蒙平衡，這也可能成為鸚鵡生病的原因。

早晨和黃昏則是鸚鵡特別活躍的時間帶。訂下和鸚鵡一起玩耍的時間後，請飼主盡量維持規律正常的生活步調，讓鸚鵡健健康康地生活吧。

6:00 左右

12:00

鸚鵡的一天

起床

吃飯

玩耍

一個人度過（做日光浴等）

必要的照料

- 將鳥籠的套子拿開，讓鸚鵡迎接日照
- 清理鳥籠
- 換飼料和水
- 一起玩耍（放風）

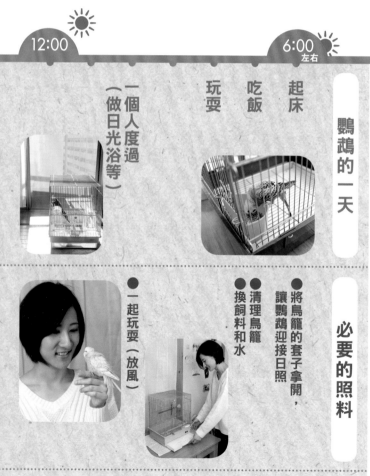

絕對不隨意放養

雖然也有人會將鸚鵡放在房間裡，讓牠們隨意行動，但是請不要用這樣的方式來飼養。因為我們不可能一整天都盯著鸚鵡，所以就有可能發生意外。另外，鸚鵡或許會誤以為房間＝鳥籠、鳥籠＝巢箱，因此牠們可能一進入鳥籠就開始發情。鸚鵡若在房間排泄的話，也會有衛生上的隱憂，請養成除了玩耍時間以外，其餘時間皆在鳥籠裡飼養的習慣。

放風時要特別注意安全

室內對鸚鵡來說其實充滿危險。請參考p.75的注意事項，將裝飾品、配件等的小物收拾妥當。另外，像是插座這種有導電危險的物品，也用蓋子蓋起。不希望鸚鵡飛去的場所，必須確實將門關緊，也不要忘記做好防範措施。

18:00
左右

玩耍

●一起玩耍（放風）
*配合飼主的生活習慣

吃飯

●確認飼料是否減少
●換水

睡覺

●蓋上套子，並將鳥籠移到較暗且安靜的場所

鸚鵡房間的溫度&溼度

配合季節變化調整溫度和溼度

在飼養鸚鵡的過程中，溫度控管相當重要，但這並不代表要以固定的溫度和溼度飼養鸚鵡。若是溫度和溼度一直維持相同的話，會導致母鸚鵡不斷發情、產卵；而公鸚鵡則會頻繁地換羽。

重要的是，飼養時不要過度保護，也不用太過神經質，只要根據季節的變化調整溫度和溼度，並仔細觀察鸚鵡就可以了。也許鸚鵡多少會有點熱或冷，不過只要牠們維持有精神的樣子就好。

溫度的控管

溫度太高時

感到熱時的徵兆
鳥喙張開一半
「哈啊哈啊」地急促呼吸
哈啊哈啊
羽毛沒有貼附在腋下而是上下擺動

天氣炎熱時，若是將鳥籠放在溫度過高的室內，鸚鵡可能會中暑。另外，如果將鳥籠放在照得到太陽的地方，讓鸚鵡做日光浴，有些鸚鵡也可能會中暑。當鸚鵡看起來好像中暑的話，為了讓牠們恢復有精神的樣子，可以將空調打開讓室內恢復室溫，或是將鳥籠移到涼爽的場所。因為每隻鸚鵡的狀況不太一樣，請事先用溫度計檢查，確認鸚鵡大概幾度會覺得熱。

溼度的控管

對鸚鵡來說，最舒服的溼度約在60%。只是若維持這樣的溼度，可能會讓一些鸚鵡產卵。溼度的控管與溫度一樣，必須依據季節來變化，不必一直維持在一樣的狀態。只要隨著自然的變化，夏季時的溼度偏高，冬天時有點乾燥即可。不過，在親餵的雛鳥及幼鳥階段，溫度和溼度都要維持固定。

寒冷是鸚鵡的大忌！

當鸚鵡感到寒冷時，牠們全身的羽毛會蓬起，這會讓空氣填滿羽毛與身體之間，維持鸚鵡的體溫不要下降。若身體覺得冷、體溫下降的話，免疫力也會隨之下降，讓身體狀況容易變差。而且為了維持一定的體溫，鸚鵡開始消耗熱量，則會讓身體狀況變得更差，導致惡性循環。因此，一旦鸚鵡覺得寒冷時，立刻保溫是相當重要的。但是，對於身體健康的鸚鵡，也不必過於緊張。只要多注意生病、年老的鸚鵡及雛鳥即可。

溫度太低時

感到冷時的徵兆

將臉埋進背後的羽毛裡
全身的羽毛豎起，不斷地發抖

鸚鵡的原產地大多都是溫度較高的地區，雖然牠們很耐熱，但是對於寒冷卻不太能適應。對人類來說覺得舒適的天氣，對鸚鵡來說可能會覺得冷。在氣溫較低的季節裡，特別要注意鸚鵡的狀態，可以使用專門的加熱器來保溫。另外，天氣炎熱時也是一樣，要使用溫度計檢查大概是幾度會讓鸚鵡覺得冷。

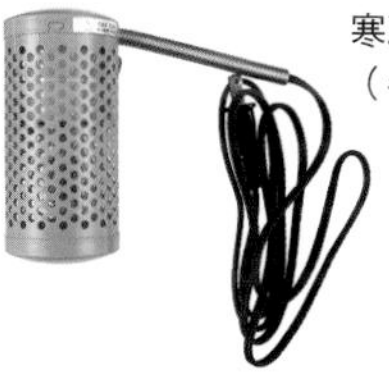

寒冷時使用的加熱器（參考p.73）。

讓鸚鵡做日光浴及洗澡維持健康

讓鸚鵡做日光浴，預防疾病

當鸚鵡做日光浴時，體內會形成維生素D_3；維生素D_3會促進鈣質的吸收，若是不足的話，可能會引發鈣質缺乏症（p.183）等的疾病。因此，讓鸚鵡在窗邊一邊呼吸新鮮的空氣，一邊眺望窗外的風景，也能幫助牠們轉換心情。

此外，野生的鸚鵡因為有在雨水或朝露下洗澡的習性，因此，也幫家中的鸚鵡洗澡吧。這樣不僅能將身上的髒污洗淨，也有消除壓力的效果。

做日光浴的要點

如果天氣和鸚鵡的身體狀況都不錯的話，就可以每天做日光浴。

●如果隔著玻璃窗的話就無法達到效果，因此請在玻璃窗打開、紗窗關緊的狀態，將鳥籠移到有太陽照射的地方。

●若是直接讓鳥籠整體直射陽光的話，可能會導致鸚鵡中暑。因此，為了讓鳥籠可以照到陽光，請務必注意日照的方向，並選擇放置鳥籠的位置。

●為了防止烏鴉或貓等的襲擊，請不要忘記將紗窗上鎖，或是在鳥籠旁邊看守著。

如果鸚鵡不洗澡的話？

有些鸚鵡即便放在專用的容器內，也完全不想洗澡；有些鸚鵡則討厭洗澡，比起洗澡，更喜歡蔬菜的水滴滴在身上；其他還有喜歡噴霧器從上方噴、讓水霧淋在身上的鸚鵡。另外，有些鸚鵡則是比起專用的洗澡容器，改用平底、較淺的容器才願意洗。若是無論試過各種方式，鸚鵡還是不想洗澡的話，就不用特別勉強。

有些鸚鵡喜歡淋籠子外面噴進來的噴霧。

洗澡的要點

洗澡用具

塑膠製

陶瓷製

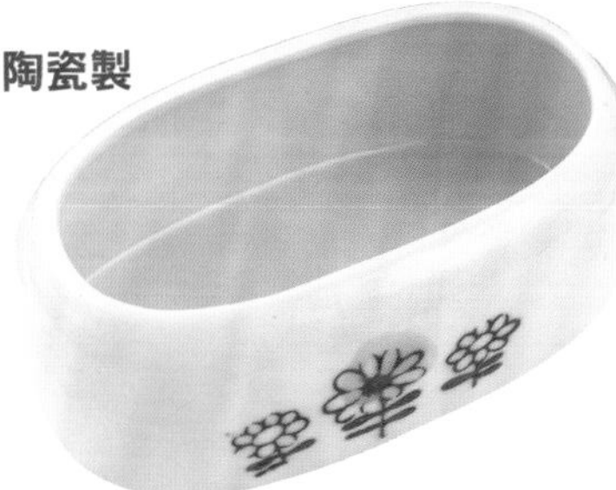

每週1～2次，將面積較大的專用容器裝滿水放進鳥籠內。

●根據不同的鸚鵡，有些很喜歡洗澡，有些則不太喜歡。

●喜歡洗澡的鸚鵡，無論洗多少次都沒關係。

●即便是在寒冷的季節，切記不要使用熱水！鸚鵡的身體為了防水、保溫，從尾脂腺分泌的皮脂會覆蓋在羽毛的表面。若是使用熱水，會使皮脂脫落，導致鸚鵡身體變差。

每天打掃以預防生病

為了鸚鵡的健康請保持環境的整潔

為了讓鸚鵡能夠住的舒服，請每天清理鳥籠及鳥籠的周遭，也要每天更換鋪在鳥籠底部的紙。底下會堆積種子的殼、糞便、脂粉（參考p.59），如果置之不理，脂粉等會四處飛散，對於鸚鵡或人類都不衛生。另外，更換紙時也能觀察鸚鵡的糞便，檢查牠們的身體狀態。

請養成每天稍微整理、每週一次左右的清掃，然後一個月一次大掃除的習慣吧。

每天的清潔

每天一次將鳥籠底部的紙如照片般做更換，可以使用能直接一張一張取出替換的市售墊材會比較方便。請養成每天早上換飼料和水時順便更換的習慣。另外，也要用小掃把將鳥籠周圍清理乾淨。

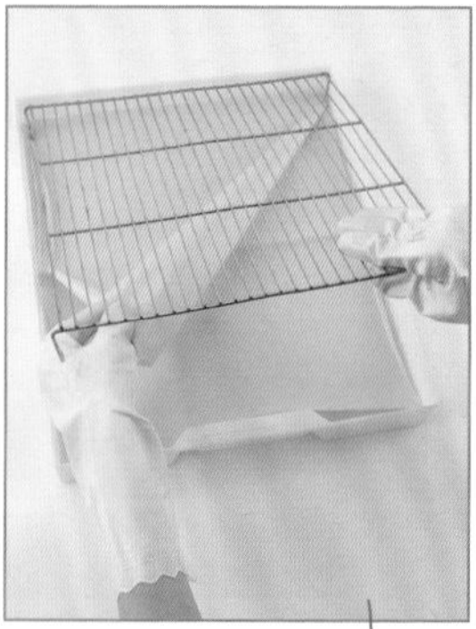

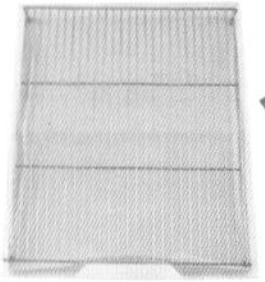

打掃時必要的物品

- ☐ **刮刀**　將黏著的糞便刮掉。
- ☐ **牙刷**　用來刷網子。
- ☐ **抹布**　擦拭鳥籠內部。
- ☐ **海綿**　清洗鳥籠的底部。
- ☐ **小掃把組**　將鳥籠底部拉出，清理鳥籠周圍。
- ☐ **橡膠手套**　可以不用直接接觸到糞便。
- ☐ **口罩**　為了不直接吸到濺起的糞便和脂粉。

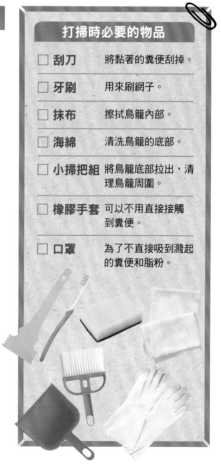

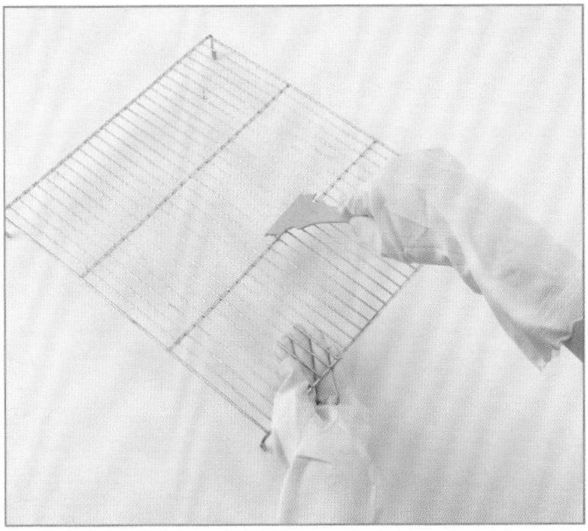

一週清掃一次

將黏在底網上的糞便用刮刀刮落。如果糞便變硬且不易掉落的話，就將布沾熱水、稍微擰乾後擦拭。接著，將底部的盤子拉出並擦拭乾淨。最後，再清洗、消毒飼料盆和水盆。

一個月一次大掃除

將鳥籠內的飼料盆、水盆和棲木等全都拿出，並將鳥籠拆開，按照順序逐一清理乾淨。但請不要用清潔劑清理，而是用熱水消毒即可。如果有些器具無法用熱水的話，就使用寵物用品店賣的除菌消臭液來消毒。清理及消毒都結束之後，就放著自然風乾。為了能讓所有物品完全風乾，建議在天氣好的日子裡打掃。打掃時，先將鸚鵡放在外出籠等的容器中。

1 取出所有的配件

將鳥籠內所有的配件都取出，並拉出底部的盤子。

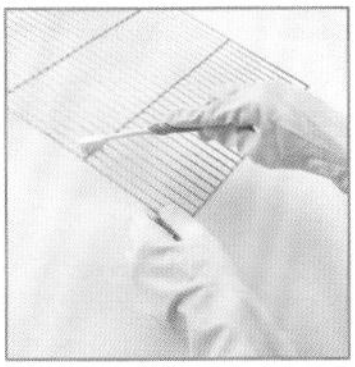

2 清理網子

用牙刷將網子仔細刷乾淨，一直到不殘留污垢為止。

3 洗淨、消毒底部和配件

將底部的盤子和配件等用熱水或除菌消臭液清洗乾淨，切記不要使用清潔劑。

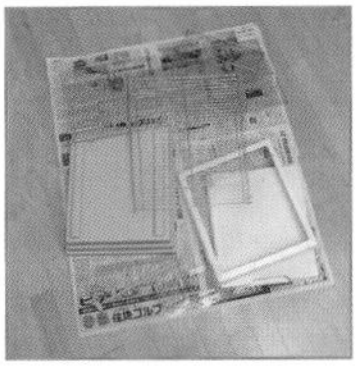

4 自然風乾消毒

鳥籠和配件都清理乾淨後，就放在報紙上自然風乾、日曬消毒，直到完全風乾為止。

5 將鳥籠周圍清理乾淨

將散落在鳥籠周圍的飼料和羽毛，用吸塵器清理乾淨。

6 組裝鳥籠

將完全風乾的配件組裝好，再將用品全部放回原位就完成打掃了。

鸚鵡的保養與照料方式

為了能安全照料，請熟悉鸚鵡正確的「固定」方式

一般在家中就能自行替鸚鵡保養的方式就是剪爪，為了能安全進行，首先要將鸚鵡固定（不讓鸚鵡亂動，維持固定姿勢）。固定鸚鵡的方式有兩種，請記得符合自己鸚鵡大小的固定方式。如果學會如何固定鸚鵡，不僅方便剪爪，看診時也能派上用場。

剪爪以外的保養，在家中進行恐會造成危險，所以若是需要的話，請直接到醫院或專賣店進行。

剪爪

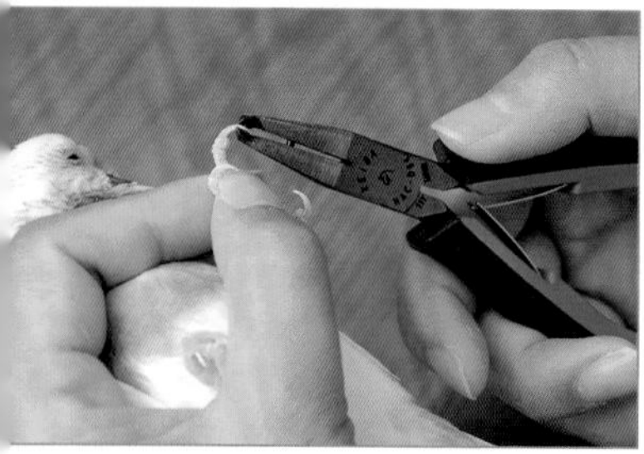

在幫小型鸚鵡一根一根剪爪時，先用拇指和食指固定爪子，從前端開始一點一點地修剪。若是不習慣的話，可以由2個人分別固定和剪爪，會比較安心。

鸚鵡停在棲木時，爪子沿著木頭不會彎曲反而會浮起來，就表示爪子變長了，必須趕快剪爪。

●鸚鵡的爪子內有血管，請注意不要剪太多。如果爪子是黑色的以致看不到血管，自己剪不放心的話，請到醫院或專賣店讓專人處理會比較安心。

●若是出血的話，請使用市售的止血劑（貓狗可共用）。

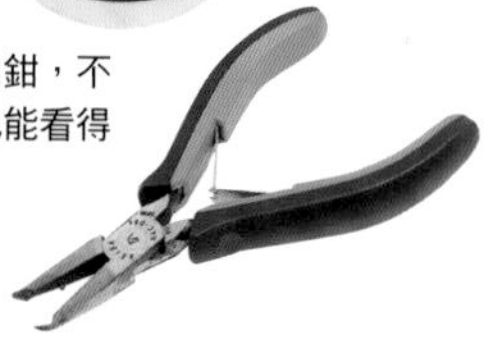

工具用的細斜口鉗，不僅容易剪爪，也能看得到爪子的前端。

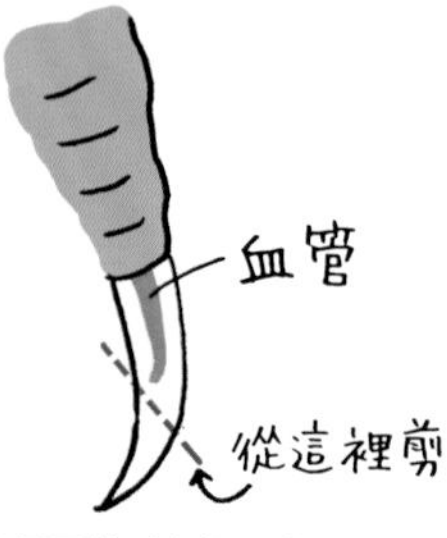

為了不剪到血管，請從前端開始一點一點地修剪。

鳥類專用的指甲剪。能夠剪出沒有殘缺或裂痕的爪子。

剪羽原則上並非必要

剪羽是指將鸚鵡的羽毛部分進行修剪。對一般人來說是相當困難的行為，為了不讓鸚鵡受傷，請絕對不要在家裡進行。

剪羽主要的目的是：①防止鸚鵡逃出，②為了讓鸚鵡不太能飛就可以增加鸚鵡停在飼主手上的機會，拉近彼此的距離。不過剪羽之後，若是鸚鵡想要飛時，有時會失去起飛時的爆發力，飛著飛著可能會失去控制、掉落等，提高發生事故的危險性。比起剪羽，要先正確認識「鳥是會飛的生物」這件事，因此須提前想好相關的事故對策。

在醫院進行鳥喙的保養

健康的鸚鵡鳥喙並不會伸出來，即便鳥喙的前端看起來有點尖，也請不要自行判斷進行修剪，而是交給獸醫師處理（下面的照片就是獸醫師在修剪）。

正確固定的重點

小型鸚鵡用單手就能握住；中型鸚鵡若是單手無法固定，就請用固定大型鸚鵡的方式。大型鸚鵡主要是用毛巾來固定。

用毛巾固定是因為牠們的力氣很大，可能會自己弄傷羽毛。此外，有時牠們討厭被固定住，也有可能會將飼主的手視為討厭的東西，因此才使用毛巾當作替代品。

中大型鸚鵡的固定法

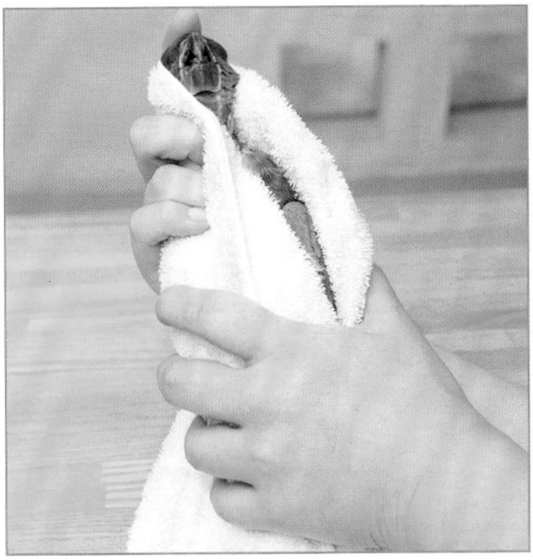

用毛巾從鸚鵡的頭部開始包住，再從背後將身體全部包起來。接著用食指和中指支撐身體，剩下的3指則扶住身體。因為鸚鵡要呼吸，請注意不要壓到胸部，另一隻手則是用毛巾將鸚鵡的下半身包起。

小型鸚鵡的固定法

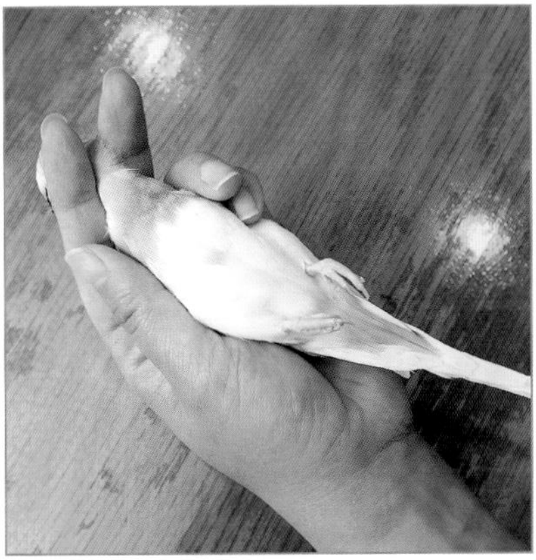

用單手從鸚鵡的背後包住，用食指和中指輕輕夾住脖子。接著用大拇指支撐身體，並用無名指和小指將鸚鵡的身體整個包起來。

鸚鵡發情的管理

發情過多易使鸚鵡生病

鸚鵡的發情期約莫在日照長且溫暖的季節，以及雨天多且飼料充足的時候。但是，一般在飼養的狀況下，應該是不分季節，隨時都提供鸚鵡溫暖且舒適的環境。一天的日照長度至少超過10小時，等於是提供鸚鵡良好的繁殖條件，因此也容易發情。

當公鸚鵡開始發情時，會出現「反芻」及特殊的「吐料」行為，還有摩擦屁股等的舉動（參考p.135）；母鸚鵡則是會不斷產卵。鸚鵡發情過多的話，可能會造成生殖器官方面的疾病，因此要確實管理。

發情過多所引發的問題

- 開始咬人類（公／母）
- 過多的產卵引起代謝方面（p.182～183）的問題（母）
- 引起產卵困難及輸卵管炎（p.180）（母）
- 導致睪丸腫瘤（p.179）的原因之一（公）
- 導致肝臟疾病（p.178）的原因之一（公／母）
- 導致疝氣的原因之一（母）

關於產卵過剩

母鸚鵡發情時，可能不與公鸚鵡交配也能產卵（未受精蛋）。若持續發情，就會反覆產卵，一次產5～6個左右；因為蛋裡面含有鈣質等營養素，因此產卵也會造成鸚鵡身體必要的營養流失。

產卵後如果馬上把蛋拿走，母鸚鵡還會繼續產卵，所以約等20天左右讓牠產完、孵卵，一起拿出後再進行環境改善等對策。另外，也可以考慮用假卵（陶瓷等做的假卵）的方式。因為產卵過剩可能會危及母鸚鵡的生命，請與獸醫師討論，並用適當的方式來處理。

造成壽命縮短

玩具也可能成為鸚鵡的「戀人」，請特別注意。

抑制鸚鵡發情的6個重點

1 調整日照時間

若是一天的日照時間太長，鸚鵡就會發情。人工燈光也是一樣，因此絕對不可讓牠們熬夜。大約在日落5～6點左右就將房間調暗，讓鸚鵡入眠。

2 環境不宜過度溫暖

在寒冷季節時，鸚鵡在開了暖氣的房間裡也會產卵。如果鸚鵡看起來很健康且不覺得冷，請將暖氣關掉（參考p.82）。過度保護會讓發情不斷、體力下降，鸚鵡也容易得病。

3 不提供鳥巢及鳥巢相關的資材

鳥巢及其相關的資材也可能誘發鸚鵡發情。鳥籠裡像是塑膠製的小屋、飼料盆、紙、木材等，任何鸚鵡可能會當作鳥巢的物品都要拿走。鳥籠的底部務必架上網子，且不能讓底部的紙容易被牠們拉出。

4 排除任何會變成戀人的物品

鸚鵡連不同品種或相同性別的鸚鵡都能當作另一半。若只飼養1隻的話，連人類、玩具，甚至鏡子、揉成一團的衛生紙等牠都會認知為戀人。

若是飼養多隻鸚鵡的話，要將發情特別旺盛的鸚鵡隔離。飼養1隻鸚鵡時，即便覺得牠很可愛也不要過度關心；或是有鸚鵡特別喜歡的物品時，也要注意給予的方式。

5 注意飼料給予的方式

如果給太多飼料的話，有些鸚鵡可能會發情。因此，請與獸醫師討論飼料的分量及給予方式，在這方面多下工夫。

6 進行「覓食學習」

若鸚鵡頻繁發情的話，可能是鸚鵡太過無聊所致。建議可以讓鸚鵡的生活多一些刺激，作為抑制發情的手段，建議可以在飼料的給予上進行「覓食學習」（p.112～117）。

關於換羽期

健康的鸚鵡大多在春、秋兩季，也就是一年換羽2次就算多。換羽期時鸚鵡的體力會變差，體重也容易下降。要特別注意鸚鵡身體上的變化，請給鸚鵡高蛋白的飼料及專用的維他命。

不同季節照料的注意事項

- **在換季時，溫度的變化會特別劇烈，請小心不要讓鸚鵡生活的空間過於溫暖。**
- **夏天時要小心中暑（參考p.82）。在沒有人的室內裡，將窗戶稍微打開，或開一點空調。**
- **夏天時的飼料和水容易壞掉，請多次更換。**
- **春、秋季時正值容易掉羽毛的「換羽期」，請給予高蛋白的飼料。**
- **冬天寒冷，請注意保溫（參考p.83），不過也要注意不能過於溫暖，也不要放巢箱以免發情。**

鸚鵡之看家與外出

鸚鵡看家以兩天一夜為限

若遇到家人需要一起短暫外出幾天的時候，就讓對環境變化敏感的鸚鵡看家吧。若是兩天一夜的話，請多準備一些飼料和水，並將環境整頓妥當即可；若是超過兩天的話，可以委託朋友或到府代養，一天來家中照料一次鸚鵡。

雖然也能將鸚鵡寄放在寵物旅館，但是一旦環境改變，性格較神經質的鸚鵡可能會因此而不吃飼料。一開始，先試試看一天，盡量不要一下子就長時間寄養。

鸚鵡看家的5個重點

1 打開空調

鸚鵡自己在家時，對於氣溫等的環境變化無法立刻應付。可以的話，請提供舒適的環境，並將溫度設定好及打開空調。

2 增加飼料的分量

將飼料和水多放一些在容器中，並放置在多處。這樣一來即便其中一處打翻，鸚鵡也還有其他地方可以吃到飼料。

直立型、架在網子上的給水器。這樣即使鸚鵡看家時，也不用擔心牠將水打翻。

3 拿出承接糞便的鐵網

萬一飼料被鸚鵡全部打翻到鐵網下，鸚鵡可能就要餓肚子了。為了讓飼料即便掉了也能撿起來食用，請在鸚鵡看家時先將鐵網拿出來。

4 不要將套子蓋上

家人都不在時，有些鸚鵡會因不安而變得慌張。也可能在晚上全黑時，因為看不到周遭環境，就開始失控而撞上鳥籠導致出血。晚上時，為了讓環境有點光線，請不要蓋上套子，並加裝筒燈等的照明設備。

5 打開收音機等

如果平日已經聽慣家人的聲音及生活聲響的話，若持續保持安靜的狀態，會讓鸚鵡感到不安。因此，可以將收音機開小聲，讓鸚鵡保持聽得到聲響的話，牠會比較安心。

帶鸚鵡出門時，請以負擔最小的方式移動

一起外出時，請將鸚鵡放入大小適中的外出籠，裡面放一些平常吃的食物。水分則可以從蔬菜或水果中攝取。若天氣較冷的話，也可以放入暖暖包。

另外，盡量以時間短、負擔小的方式移動。即使是開車，因為不曉得會發生什麼事，所以請不要在車內讓鸚鵡出來放風。

若是以火車或高鐵移動，請注意空調溫度並選擇禁菸車廂；搭乘飛機的話，因為需要託運，務必要了解託運時可能會產生的風險。為了降低各種風險，一直到搭機前都要待在牠身邊，下機時也要立刻領取。

需要寄放鸚鵡的時候…

若是要將鸚鵡寄養的話，寵物旅館和動物醫院會比較令人安心。只不過，即使是健康的鸚鵡，依設施不同可能會有各項基準。因此，一定要事前仔細確認寄放環境是否可能帶來傳染病，以及寄放時的條件為何。

外出時的便利鳥籠

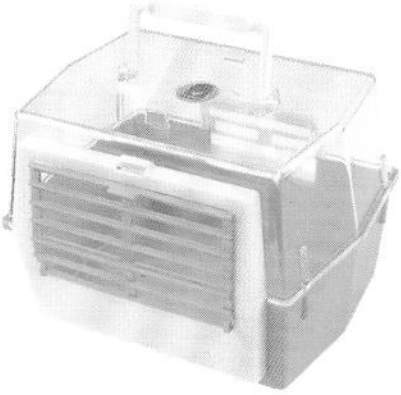

適合小型鸚鵡外出或是看病時使用，大小相當適中。（20×15×14公分）／こんぱまる

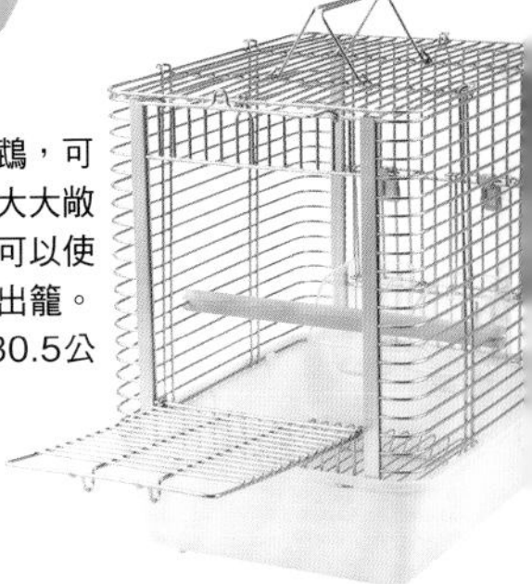

適合尾巴較長的鸚鵡，可以將鳥籠後面的門大大敞開，連中型鸚鵡也可以使用、高度較高的外出籠。（29.6×23.3×30.5公分）／こんぱまる

～想要增加家族時～
鸚鵡的築巢繁殖

請先確認是否真的需要築巢繁殖

「築巢繁殖」指的是讓鸚鵡生寶寶這件事。即便想要增加鸚鵡的家人，在行動之前也請先仔細思考這對目前飼養的鸚鵡來說，是否真的需要。若是母鸚鵡的話，產卵可能會對牠造成很大的負擔，同時也會伴隨一定的風險。有可能一次就會生多隻雛鳥，飼主必須負起飼養的責任，不能因為可以找到飼養的地方就進行繁殖。重要的是飼主在各方面都已經確認、思慮周全，另外也要與獸醫師做確實的討論。

築巢繁殖的流程

1 接見

迎接新的鸚鵡時，請與寵物店等進行討論，挑選性格相符、身體健康的鸚鵡，再讓牠們隔著鳥籠相見。

2 同居

讓牠們相處幾天後，若合得來就可以開始進行築巢繁殖。接著，在鳥籠裡放入巢箱讓牠們同居。為了讓繁殖順利，將鳥籠移到較暗的地方，讓牠們可以靜下心來。

3 發情、交配

為了讓鸚鵡發情，可以供給高卡路里、高蛋白的飼料。公鸚鵡出現求愛行為（參考p.135）的話，就表示已開始發情。不久之後，公鸚鵡肩膀上的羽毛會展開，母鸚鵡則為了回應公鸚鵡會提高尾羽、擺好姿勢，公鸚鵡就會在母鸚鵡上方進行交配。接著，母鸚鵡就直接進入巢箱，準備開始產卵。

築巢繁殖時需準備的物品

- ☐ 繁殖用的籠子
  （這個籠子也需放入飼料盆、水盆、棲木等）
- ☐ 巢箱
- ☐ 資材

4 產卵

交配後一星期，母鸚鵡就會待在巢箱，此時肚子會變大、變硬。不久之後，如果排出味道很重、很大的糞便，就代表即將開始產卵。一次築巢繁殖通常會產出5～6個卵。產卵時，特別需要注意營養的均衡，請提供高卡路里、高蛋白的滋養丸，以及便於攝取鈣質的牡蠣殼粉及蔬菜等。

5 抱卵

當母鸚鵡開始抱卵時，公鸚鵡會開始將飼料拿進巢箱裡。對公鸚鵡來說，為了保護自己的家人，牠會佇立在巢箱前並時時提高警覺。根據鸚鵡的品種，抱卵的方式和期間也不盡相同。抱卵時，在不造成鸚鵡壓力的情況下，可以不時觀察有幾個卵或是母鸚鵡的模樣等。抱卵開始後，飼料就可以回到原先的給予方式。

6 孵化

抱卵17～23天後，雛鳥會按照下蛋順序逐一破蛋而出。但是，也有些蛋可能不會孵化。此時，親鳥會將吃進去的飼料吐出，用來餵食雛鳥（親餵）。飼主能做的就是將溫度維持在26～30度C、溼度60～70%，並注意衛生以及給予能提供親鳥營養均衡的飼料。至於雛鳥的照顧就交給親鳥吧。要特別注意不要一直盯著巢箱，因為親鳥有可能會因此放棄餵養雛鳥。

7 育雛

孵化之後，雛鳥的羽毛並不會馬上長出來，眼睛也不會立刻睜開。大約一週後眼睛睜開；兩週後，雛鳥的全身開始長毛；第三週，羽毛的顏色就會開始變得鮮豔。大約在出生20～90天後，為親餵的時期。給親鳥的飼料則延續前期，提供營養均衡的飼料是非常重要的。若是想要雛鳥停在手上，從這個時期開始就要取代親鳥開始餵食。

飼養沒有親鳥在旁的雛鳥時

替雛鳥提供舒適的環境

如若接收到本應由親鳥餵養的雛鳥（約出生3個月內左右）時，最重要的是環境必須整頓齊全。沒有能提供溫暖的親鳥或兄弟姊妹在身邊，雛鳥的身體很快就會變冷。因此，為了維持舒適的溫度，可以使用暖爐，或是將裝了水的杯子放在箱子內便於保暖，也要注意溫度不能過高。須勤快確認是否太熱或太冷以調節溫度（參考p.82～83）。親餵飼料以外的時間，將房間稍微調暗一點，並用白色毛巾輕輕蓋上（飼料的給予方式參考p.98～99）。

此時雛鳥的狀況還不太穩定，在飼養時也須向獸醫師好好諮詢。

飼養雛鳥時需要準備的物品

- ☐ 飼養箱
  （飼養昆蟲的塑膠箱子等）
- ☐ 寵物專用的暖爐
- ☐ 雛鳥用的飼料
  （配合飼料等，參考p.98）
- ☐ 餵飼料的湯匙
- ☐ 底部墊材
  （紙巾等）

溫度控管的要點

飼養雛鳥時，溫度控管最為重要

因為鸚鵡不擅長應付寒冷，因此要特別注意溫度控管。飼養雛鳥最理想的環境為溫度26～30度C、溼度60～70%。即便是夏天，飼養在冷氣房內也要準備加熱器（參考p.73）。

請勤快地確認雛鳥的狀態及溫溼度的變化，以確保打造出舒適的環境。

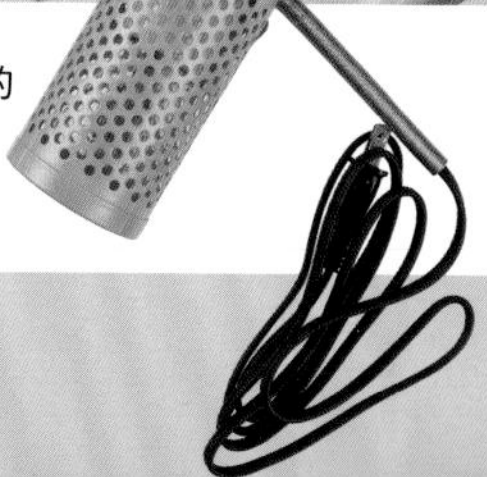

寵物專用的加熱器。

讓鸚鵡學習如何「社會化」

讓人類與動物建立良好關係，並培養出適應環境的能力

鸚鵡從出生到幼鳥時期，會開始學習「社會化」。所謂的社會化，就是透過親身體驗，自己全盤學習基本的社會規則，並逐漸習慣周圍的種種，包括順應周遭的人類、動物、環境等的能力。

一開始，雛鳥會以親鳥或手足當作範本，學習基本的群體生活規則和舉止。因此，約出生後8週以內都不要離開親鳥是較為理想的狀態。

迎接鸚鵡來到家中時，要一邊注意不要讓牠感到害怕或是有討厭的感覺，最重要的是讓牠體驗各式各樣的事物。另外，溫柔且充分的肌膚接觸不僅能讓鸚鵡對人類產生信賴，停在手上也會變得容易，也能與飼主建立良好的關係。這樣不僅能降低鸚鵡的壓力，牠們也不會因太膽小，或警戒心過重而莫名生病。社會化的學習也包含了啃咬（p.152～153）、啄羽（p.156）等問題行為，不過也要考量到會有其他好的影響。

讓鸚鵡學習社會化的重點

1 習慣飼主以外的人類

讓家人一起分擔照顧、或是與其他人一起照料，請讓鸚鵡積極地與不同的人接觸。不過，在與其他人見面時，一開始先從稍遠的距離讓牠觀察一下，等到習慣之後，再慢慢靠近牠。

2 習慣各種不同的環境

如果一直待在相同的環境，可能會飼育出即使只是更換鳥籠內的1根棲木，也會感到驚嚇的鸚鵡。為了避免這樣的事，可以從幼鳥期便不時地更換鳥籠內的配置、玩具，放風時讓牠在家中晃晃，體驗各種不同的環境。另外，讓鸚鵡習慣飼料的種類和飼料放置的變化也相當重要。

3 讓鸚鵡習慣外出

事先讓鸚鵡體驗前往醫院、外出和移動也很重要。首先，要適應外出籠的話，先將放在房間裡的外出籠出入口打開，讓牠自由進出。先從外出散步等時間較短的活動開始，讓牠仔細地觀看外面的世界、聆聽外界的聲音，以減緩鸚鵡的不安。

養出健康雛鳥的餵食方法

親餵飼料可以給飼料粉或小米

原本雛鳥出生20～90天內，須由親鳥親餵飼養。若是這個時期親鳥不在身旁、提早來到家中的話，飼主就要代替親鳥給予飼料來飼養牠。

以前雛鳥的飼料雖然都是餵食粟玉，不過因為營養不夠均衡，最近則改餵一種名為「配合飼料」的營養均衡飼料粉。若是僅餵飼料粉的話，有些雛鳥會不吃，以及若想要讓鸚鵡事先習慣種子類飼料時，就可以親餵給牠混合了飼料粉和小米的飼料。

配合飼料

小米

親餵飼料的作法

飼料粉＋小米的話

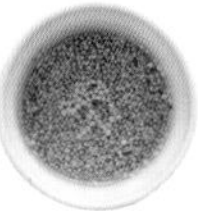

1 小鳥期以後所給予的種子，雖然是營養價值高的帶殼種子，但是對親餵雛鳥來說殼會太硬，因此改用小米。餵食小米的話，必須先浸泡於水中30分鐘。

2 接著將水瀝乾、用溫水熱一下小米。此時與配合飼料一樣，請使用60度C以下的溫水。

3 將熱好小米的水倒掉，再添加飼料粉。一開始先加一半左右，若是鸚鵡不想吃的話，再添加小米，開始習慣之後就減少小米的分量。

4 加入60度C的水後，讓飼料變得濃稠並冷卻到40度C左右。一開始溶解的硬度，大約是比溶解鬆餅粉還稍微軟一些。若是飼養雛鳥，可以稍微減少水的分量，讓飼料偏硬一點。

僅有飼料粉的話

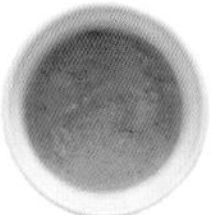

1 將飼料粉所需的分量放入容器，再用溫水溶解變成糊糊的狀態。這時請勿使用很熱的水，而是使用60度C以下的溫水！若是用熱水來溶解的話，會使蛋白質和澱粉變性，導致鸚鵡的肚子與嗉囊（為消化器官的一部分，暫時囤積食物的部位）長出黴菌而引起消化不良。

2 一開始溶解的硬度，大約是比溶解鬆餅粉還稍微軟一些。若是飼養雛鳥，可以稍微減少水的分量，讓飼料偏硬一點。

3 餵食雛鳥飼料時，必須確定是否太燙，大概冷卻到40度C左右即可。讓雛鳥吃熱食時，一定要小心可能會燙傷嗉囊。

親餵的餵食方法

基本的餵食

分量

基於飼料的種類各有不同，但以小型鸚鵡的雛鳥吃得完的分量為主。

次數

出生一個月後左右，一天餵食4～5次。

時間

從早上七點左右，晚上可以的話愈晚愈好，每隔3～4小時餵食。觸摸嗉囊（從喉嚨到胸部周圍），確認是否已經排空再給予飼料。

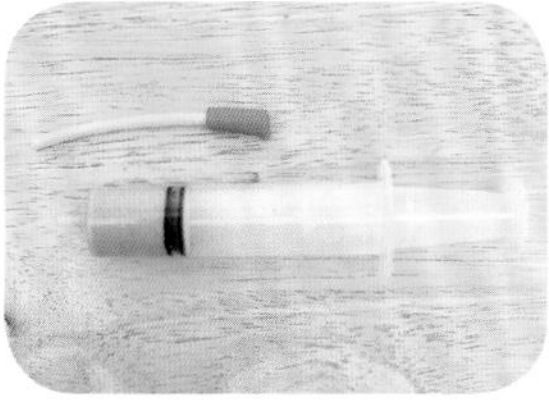

親餵時的餵食器。

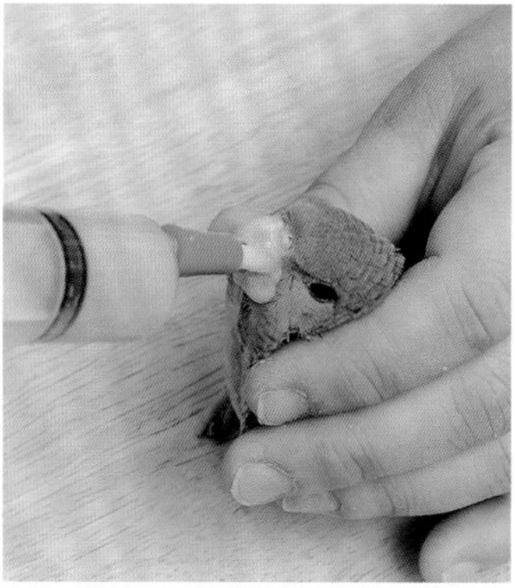

使用專用餵食器

僅餵食溶解過的飼料粉，使用餵食器餵食的話，就不會將飼料撒出，相當便利。餵食器前端雖然有安裝細噴嘴，不過若是噴嘴太長，雛鳥不習慣的話，插入氣管時可能會有危險。一開始先拔掉噴嘴，直接使用本體處會比較安心。

也有湯匙與容器的組合。

配合鳥喙形狀的湯匙，可讓鸚鵡更容易吃到飼料。

使用湯匙

試著將湯匙靠近鳥喙，如果覺得不錯，應該就會自己吃。若鸚鵡的嘴巴呈現打開狀態等待的話，就將湯匙放在下方鳥喙處，讓鸚鵡能夠吃到飼料。為了避免鸚鵡在食用時嗆到，湯匙上不要放太多飼料。

 商品皆為「こんぱまる」（p.12）的商品。

從親餵到自我進食 循序漸進的方法

從出生後30～50天左右開始

出生後30～50天起，慢慢地從親餵轉換成自己吃飼料的「自我進食」。以人類的嬰兒來說，就是所謂的離乳期。根據每隻鸚鵡不同，步調都不太一樣，還請一邊觀察鸚鵡的樣子，一邊慢慢改變。

轉換的要點

● 約在出生後30～50天左右，首先在早上，鸚鵡覺得餓、體重降低時進行親餵，接下來的一天內要減少親餵的次數。

● 開始自己吃飼料後，逐漸減少親餵的次數，在塑膠盒子內放入小米、成鳥用的帶殼混合種子。另外也先放入裝水的容器及粟穗。

● 為了可以讓鸚鵡自己吃飼料，在盒子的底部撒些小米、帶殼混合種子及滋養丸。等到可以自己吃飼料後，也請將水放進盒子裡。

● 開始轉換成自我進食階段時，必須每天替鸚鵡量體重。隨著親餵的次數逐漸減少，也要確認體重是否也跟著減少。如果出現食慾降低、體重減少的狀況，請盡快前往動物醫院就醫。

● 漸漸獨立的這段期間，也可以開始練習停在棲木上。配合飼料盆的高度將棲木放在較低的位置。市面上有在賣這個時期專用的飼料盆和棲木組。

低的棲木

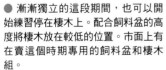

5章

讓鸚鵡健康的食物&餵養方式

各種尺寸、種類的鸚鵡食物

依照不同鸚鵡給予飼料

鸚鵡的飼料以小米和稗等的種子類為主食，以及全營養食品的滋養丸。其他還有蔬菜、含鈣飼料等的副食品以補充營養。此外，也有很多能讓鸚鵡感到開心的點心。

雖然飼料的選擇很重要，但是應該要先知道自己的鸚鵡所吃的飼料種類。若是給予了錯誤的飼料，有可能導致鸚鵡的身體變差。為了健康，請挑選適合自己鸚鵡的飼料。

主食

有種子類和滋養丸，為了維持營養均衡同時給予2種飼料較為理想。

滋養丸

種子類

見 p.106～107

點心

為了讓飲食生活更加快樂，飼主與鸚鵡在溝通交流，或是要給鸚鵡獎賞時，可以給予點心，不過要注意不要過量。

見 p.110

副食品

只有主食容易營養不足，所以要再補充其他的營養。除了提供蔬菜和野草外，也可以視需要給予含鈣飼料等。

黃綠色蔬菜

野草

含鈣飼料

見 p.108～109

根據種類 鸚鵡的飲食習性

鸚鵡飲食的類型根據主食可以大致分為四類。依照飲食習慣的不同，也可以分成要多給的食物、以及需要少給的食物。先調查好自己鸚鵡的飲食習性，再給予正確的飼料更為重要。

❶穀物性

以種子類為主食。虎皮鸚鵡和雞尾鸚鵡等即屬於此種類型。

❷果食性

以水果和堅果為主食，像是藍頂亞馬遜鸚鵡等。

❸蜜食性

以花粉和花蜜為主食，像是吸蜜鸚鵡和虹彩吸蜜鸚鵡等。

❹雜食性

以植物和昆蟲等為食，有葵花鳳頭鸚鵡和米切氏鳳頭鸚鵡等。

根據尺寸　餵食飼料之要點

大型鸚鵡

為了維持龐大的身體，必須給予營養充沛的飼料。只有主食的話無法補足所有的營養素，因此要每天給予蔬菜和水果等的副食品。不過，像粉紅鳳頭鸚鵡這種容易變胖的大型鸚鵡，要特別注意不要餵食太多飼料。

中型鸚鵡

雖然不用像小型鸚鵡那樣粗茶淡飯，但也要注意營養過剩，特別是富含脂肪的飼料不要餵食過量。若是餵食滋養丸，根據鸚鵡的種類，可能也有適合餵食大型鸚鵡飼料的類型，請先向寵物店確認後再購買正確的飼料。

小型鸚鵡

幾乎所有的小型鸚鵡都偏好以粗茶淡飯為主食。注意不要給予太多含脂質和糖分的飼料；點心的部分，請給予燕麥、蕎麥種子、粟穗等。像是向日葵種子等這種脂質過多的類型，偶爾開心時給予就好。

餵食次數與分量的基本

並非以分量為基準次數依鸚鵡為主

根據鸚鵡的尺寸和種類等，食物的分量也不盡相同，也無法以一天吃多少克為測量基準。最重要的是，不要讓鸚鵡過胖且要維持正常的體重，給予鸚鵡分量剛剛好的飼料。（參考p.118）

此外，鸚鵡無法一次就吃完飼料，所以吃飼料的次數依照鸚鵡的食慾而定。當肚子餓的時候，為了可以讓牠們一小口一小口地啄，請時常補充飼料盆裡的飼料。

次數

一天補充一次飼料變少就再補充

飼料一天補充一次。因為鸚鵡喜歡規律的生活，所以只要決定好早上某一個時段，固定每天補充飼料即可。下午到晚上這段期間，檢查飼料盆裡的飼料是否減少，若減少就記得補充。另外要注意，即便看起來沒有減少，其實有可能是只剩下帶殼種子的殼在裡面而已。

水通常在早上換飼料時一起更換，不過有可能飼料和排泄物會掉進去，大約在晚上再次更換會比較衛生。

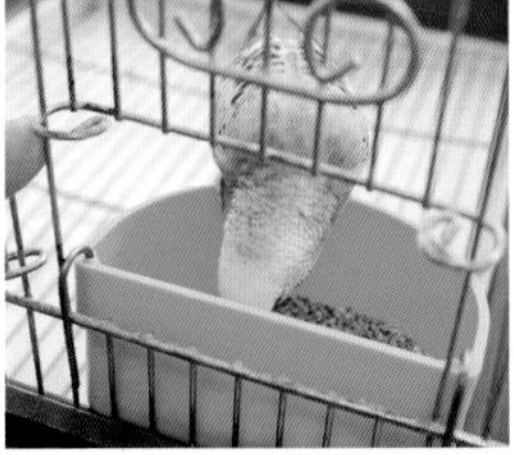

分量

可以摸摸鸚鵡的身體、測量體重調整分量

根據鸚鵡的種類、尺寸和成長狀況等，分量都不太一樣。此外，隨著鸚鵡的成長，飼料的分量也會改變。為了不讓牠們過度肥胖，並維持適當的體重，請給予剛剛好的分量，因此，請仔細觸摸鸚鵡的身體並測量體重，仔細確認牠們的體格狀態（參考p.118）。鸚鵡不會儲存食物在體內，大概半天左右沒有進食，身體就會衰弱，請多加注意不要讓飼料盆見底。

餵食的要點

每天更換新的飼料
無論是種子或是滋養丸，如果在舊飼料上直接放新的飼料會不太衛生。即便覺得可惜，還是要將舊的飼料丟掉，且每天更換新的飼料。

水一天換2次
水盆除了直立型的類型以外，有可能會因飼料或排泄物而變髒。因此，可以的話請分別在早上和晚上進行更換。

每天清洗水盆
水盆容易沾有黏夜而變得不乾淨。因此，每天早上更換水時，也將水盆一起清洗並將黏液洗乾淨。

外出時多放一些飼料
萬一真的太晚回到家時，為了不讓飼料見底，外出前需要先多放一些飼料。

給予飼料的步驟

1 每天換1次飼料
決定好固定的時段，譬如早上整理鳥籠時順便更換飼料。

2 將吃剩的殼丟掉
有時候帶殼種子的殼會留在飼料盆內，因此請先將殼吹掉，並檢查剩下的飼料與前一天相比大概剩多少。

3 放入新的飼料
如果可以的話，請每天全部換成新的飼料。若是當天已有減少就直接補足。

4 將容器放回鳥籠
水盆洗好並放入水後，連同飼料盆一同放進鳥籠裡。

鸚鵡的主食

用種子＋滋養丸 給鸚鵡充實的飲食生活

最接近自然的主食飼料為種子。為了能平均餵食到各種種類，也可以給鸚鵡市售的混合種子。若需要的話，也可以給予添加含各類營養素的種子。

滋養丸含有鸚鵡所必須的所有營養素，等於是完全營養品。根據鸚鵡的尺寸、種類、身體狀況等，有各種不同的類型。鸚鵡可能會有喜歡或討厭的，可以的話盡量同時給予種子和滋養丸。

種子

有帶殼及沒帶殼的類型，除了親餵的雛鳥之外，比較推薦給予帶殼的類型。有些鸚鵡喜歡享受剝殼的樂趣，且帶殼的種子比沒帶殼的營養價值更高。也可以將單一種子當作點心餵食，不過要注意不要過量。

混合種子（帶殼）

市面上有販賣混合了小米、稗、黍米、金絲雀虉草種子等四種的類型。沒帶殼的營養價值較低，請選擇有帶殼的。

沒帶殼的種子外觀如圖。

單一種子

金絲雀虉草種子

富含高蛋白與脂質，很多鸚鵡都很愛吃。

稗

低卡路里、富含鈣質的健康種子。

黍米

低卡路里，脂質及鈣質較少，不過富含碳水化合物。

小米

含有蛋白質、維生素 B_1、鈣質，卡路里低。

粟穗

卡路里低，鸚鵡可以享受邊啄邊吃的樂趣。

蕎麥種子

脂質較低，含有優良的蛋白質及鈣質，相當健康。

燕麥

富含豐富的蛋白質和鈣質，不過要注意脂質較多，不要過度餵食。

滋養丸

若只餵食種子的話容易營養不均，滋養丸則含有必需胺基酸、維生素、礦物質，可以補充種子的不足。根據鸚鵡的尺寸，除了平常食用之外，也可根據不同的身體狀況選擇其他適用的滋養丸。雞尾鸚鵡的話，比起小型用的滋養丸，更適合餵食中大型用。

彩色類型

因為有各種顏色，而且味道比較特別，能讓鸚鵡享受吃飼料的樂趣。不過就會難以從糞便判斷是否健康。

小型用
路比爾ZuPreem 水果滋養 小型鸚鵡

中型用
路比爾ZuPreem 水果滋養 中小型鸚鵡

大型用
路比爾ZuPreem 水果滋養
中大型鸚鵡

天然類型

糞便會反應出鸚鵡所食用的一切，所以為了能正確檢查身體是否健康，主食選擇沒有顏色的類型較佳。

小型用
路比爾ZuPreem 天然系列 小型鸚鵡

中型用
路比爾ZuPreem 天然系列 中型鸚鵡

大型用
路比爾ZuPreem 天然系列
中大型鸚鵡

根據身體狀況給予類型

若是鸚鵡有點肥胖的話，應給予牠熱量較低的類型。當鸚鵡正值產卵期及換羽期的話，則要給予高脂肪、高蛋白等富含能量的類型。

高能量類型

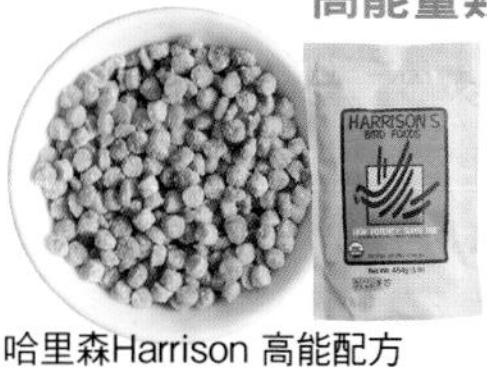

哈里森Harrison 高能配方

柔迪布希（柔氏）Roudybush
繁殖配方

低熱量類型

柔迪布希（柔氏）Roudybush
減脂配方

鸚鵡的副食品

副食品以補充營養、快樂享用為主

若是以種子為主食的話，礦物質和維生素類一定都會不夠。為了補足其營養，可以的話請每天給予鸚鵡蔬菜等的副食品；若是以滋養丸為主食的鸚鵡，也能給予蔬菜類的食物讓牠啃咬，不僅可以享受食物的美味，也能增加食用的種類。因此，請給鸚鵡不同種類的葉菜類、根莖類以及野草。

此外，請挑選新鮮的蔬菜，用水清洗後再餵食，可以的話選擇無農藥的蔬菜會比較安心。

蔬菜類

副食品以能攝取維生素、礦物質等的黃綠色蔬菜為佳。為了讓鸚鵡享受食物的樂趣，可以花點心思變化根莖類蔬菜的切法。

其他蔬菜

像是南瓜這種，若加熱澱粉會變性的蔬菜，直接給生的即可。

南瓜

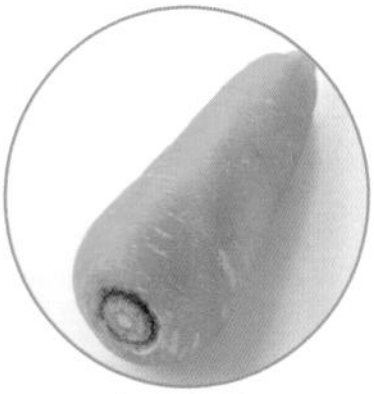
紅蘿蔔

綠花椰菜

茼蒿

葉菜

每天可以餵食的副食品最好為葉菜類。請每天給牠們不同種類的蔬菜試試看。

青江菜

小松菜

香芹

白蘿蔔葉

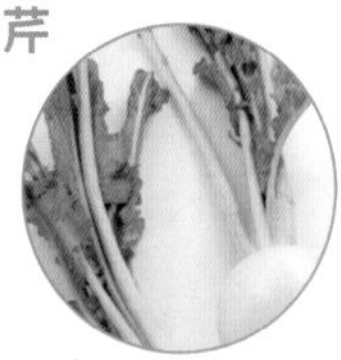
蕪菁葉

※不能餵食的蔬菜請參考p.111。

其他副食品

蔬菜以外的副食品雖然大多能夠久放，但因為容易一直放在鳥籠內沒吃完，故還是要定期檢查，確認衛生有無問題。

含鈣飼料

對負責產卵的母鸚鵡來說，鈣質是形成蛋殼原料的重要成分；對於只吃種子類的鸚鵡來說，也能預防鈣質缺乏症。

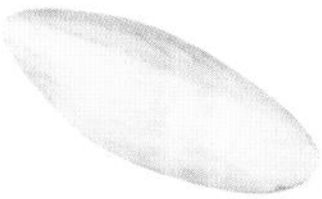

墨魚骨

將墨魚的骨頭經過乾燥、加工製成。

牡蠣殼粉

將牡蠣殼磨碎製成的飼料。

維他命劑

以種子為主食的話，副食品若只有蔬菜的話，無法充分攝取維生素和礦物質等，因此請將維他命劑放入水中溶解後餵食。

鳥類專用的維他命保健食品

鹽土

有些鸚鵡不能食用鹽土，使用前請務必要詢問獸醫師。

將土和鹽分以硫酸鈣固定而成。

野草

在餵食時，請仔細清洗乾淨。有些野草鸚鵡可能不吃，請找出鸚鵡喜愛的種類吧。

薺菜

白三葉草

鵝腸草

鸚鵡的點心&避免餵食的食物

善用點心且不要餵過量

點心可以讓鸚鵡吃得開心，也能讓牠享受不同的飲食生活。此外，直接用手餵食的話，也能讓飼主與鸚鵡達到溝通效果。但是，點心的脂質與糖分較高，容易造成肥胖，請注意不要過量並善用點心。

再者，有些蔬菜和水果不適合餵食鸚鵡且會造成危險，因此請在餵食之前，仔細確認哪一些無法餵食，好好守護鸚鵡的健康。

市售點心

點心有各式各樣種類，請選擇適合自己鸚鵡的食物。也能將鸚鵡喜愛的帶殼種子（p.106）當作點心。

點心棒

把種子用糖蜜加以固化製成。

向日葵種子

南瓜種子

水果乾

水果

雖然維生素含量很高，但是糖分較多請多加注意。蘋果的種子和櫻桃的種子可能會引起中毒，請不要餵食。

蘋果

橘子

草莓

香蕉

NG! 不能餵給鸚鵡的食物

人類食用的食物，通常都是高卡路里且脂質與糖分含量較多，很多都可能會造成鸚鵡中毒，因此絕對不能餵食！另外，蔬菜和水果有些也會造成中毒，請一定要嚴加注意。如有其他從未餵食過的食物，請在與獸醫師確認之後再餵會比較安心。

水果

酪梨含有很高的毒性，若是食用可能會危及鸚鵡的性命，請絕對不要餵食。雖然蘋果和櫻桃的果肉可食用，但是種子並不適合，請多加注意。

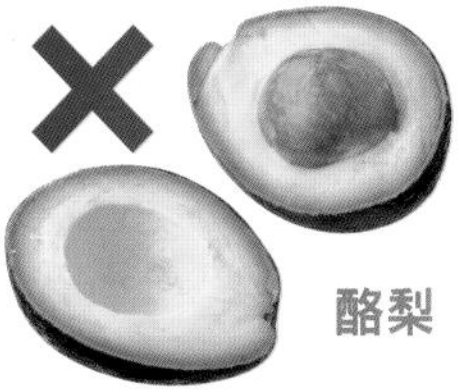

酪梨

蔬菜

菠菜所含的成分會影響鸚鵡鈣質的吸收。長蒴黃麻、蔥、洋蔥也會引發中毒。

菠菜

長蒴黃麻

蔥、洋蔥

人類的食物

不僅脂質和糖分較高，其他像是白飯等經過加熱後澱粉會產生變質，使黴菌黏著在鸚鵡的消化器官內。另外，像是巧克力等的食物也會造成鸚鵡中毒。

麵類

白飯

吐司

蛋糕

巧克力

鸚鵡的覓食學習

讓鸚鵡的生活增加刺激＝進行覓食學習

動物尋找食物的行為稱作「覓食」。野生鸚鵡一天大多的時間都在覓食中度過；不過，身為寵物的鸚鵡並不需要覓食，吃飯的時間一天合計起來也未滿1小時。

也就是說，寵物鸚鵡擁有很多的時間，若是一直沒讓鸚鵡動動腦，也有可能讓牠們變得不願進食。因此，能夠提供生活刺激、讓鸚鵡不會無聊的覓食學習，也逐漸開始受到矚目。

基本的覓食學習

基本上就是指：**「需要動動腦，才能吃到飼料。」**要怎麼樣才能順利吃到飼料，既需要思考也得花點心力，對鸚鵡來說是很不錯的刺激。

★一開始的第一天，先將飼料和點心分開放，讓鸚鵡對點心進行覓食學習。這樣一來即便無法順利進食也不會使營養不足。等鸚鵡習慣以後，可以將一天要餵食的部分飼料拿來進行覓食學習。

STEP 1 增加飼料盆

為了讓鸚鵡知道有飼料放在盆子裡，請使用一個較小的透明飼料盆，並放在稍微離棲木有點遠、不太容易吃到的位置。等牠習慣位置之後，也可以更換飼料盆的顏色。

覓食用的飼料盆

原本的飼料盆

習慣之後再做變化

一旦鸚鵡適應了覓食技巧，就無法給鸚鵡帶來刺激。對牠們來說，吃飼料已經變得很簡單的話，就是開始變化的時候。為了讓鸚鵡有好的刺激且不覺得無聊，請仔細觀察牠們的狀態做改變。

解決問題行為時，覓食學習也能派上用場

當鸚鵡有多餘的時間，而且感到無聊的話，便容易引起問題行為，其中最常見的就是發情、啄羽及鳴叫。若在生活中增加覓食學習，不僅能刺激鸚鵡智力上的好奇心，也能提高生活的品質。只要減少無聊的時間，並充實度過每一天，就能抑制問題行為的發生。特別是能抑制發情行為，對鸚鵡的健康來說也很重要。

不能進行覓食學習的時候

- □ 生病或受傷時
- □ 體重降低到平均以下
- □ 沒有食慾
- □ 沒有做過健康檢查
- □ 剛改變環境，像是搬家等

STEP 2 放入小型障礙物

在飼料盆裡放入1～3個小型障礙物，障礙物以能看得到下面的飼料，且稍微移動的話就能吃到的尺寸和重量為主。請避免選擇太小、鸚鵡會吃下肚的物品，另外，也要選擇放入嘴中也安全無虞的素材。

可以使用有各種大小和重量、且方便當作障礙物的鈕扣。不過要避免選擇金屬製的物品，以免引起鸚鵡中毒。

STEP 3 放入大型障礙物

放入像是寶特瓶的蓋子、大的鈕扣、豆子、紙團等，能夠蓋住飼料且不確實移開就無法吃到的物品。

鸚鵡看家時

當鸚鵡自己長時間待在家，就是覓食學習最好的時機。為了打發時間，可以製作難度較高的覓食設計。照片是有一個小洞的市售塑膠球，必須轉動才能將飼料取出。為了不讓飼料撒落在鳥籠底部的網子，請在鸚鵡看家時，將飼料放入球內。

簡單的覓食學習設計

若是鸚鵡對於覓食裝置已經熟悉的話，不改變新的覓食學習方法，就無法達到效果。
現在就來介紹只要使用手邊材料，就能簡單製作的覓食裝置。

1 尋找

設計難度較低、吃飼料時需要動點腦的方法。使用手邊能輕易取得的東西，稍微將飼料藏起。在鸚鵡習慣覓食之前，要讓鸚鵡看得到放置飼料和隱藏飼料的地方。

寶特瓶的蓋子

小型鸚鵡放風時的覓食學習，可以將飼料放入寶特瓶的蓋子裡。在飼料上面也能放一些像是鈕扣等的障礙物。

中大型鸚鵡的話，可以將幾個寶特瓶蓋子放進透明盒子或木箱內，並將飼料放進底部或蓋子下。

小型玩具球

也可以將市售的小型玩具球當作障礙物放進飼料盆內。請挑選籐製、紙製、塑膠等不會引起中毒的材質。

青椒

將青椒的蒂頭壓進去或切掉，再將向日葵的種子等放進去。用青椒當作容器也可以食用。適合大型鸚鵡。

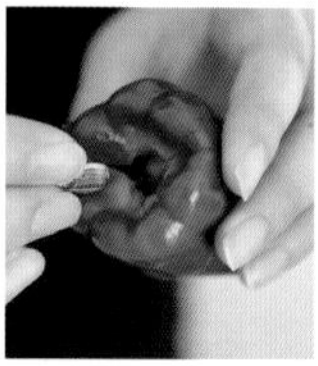

紙杯

可以將飼料放進紙杯並讓鸚鵡看到。為了要吃下面的飼料，鸚鵡必須伸出頭來、轉動杯子才能取出飼料。適合中大型鸚鵡使用。

墊子

準備燈心草墊子或鋪在鳥巢內的墊子。讓鸚鵡一邊看，一邊將飼料撒落在墊子上。讓鸚鵡能在墊子的縫隙中一邊找一邊啄飼料。

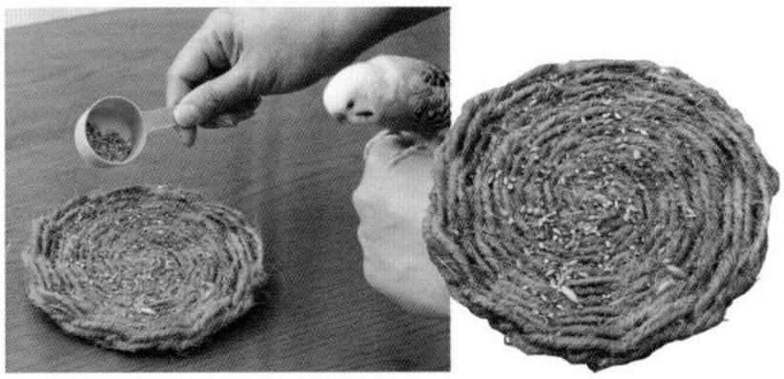

多格收納盒

可以使用像是放飾品這種，分成一小格一小格的盒子或箱子。直接將飼料和障礙物分別放入格子中，或是將障礙物放在飼料上也無妨。

2 搖晃

將大小適中的容器挖洞，並在裡面放入飼料，掛在鳥籠上。設計成鸚鵡需要用鳥喙啄容器，使之搖晃，裡面的飼料才會掉出來的機關。

醬料罐

將裝醬油的罐子或塑膠容器挖幾個洞，飼料放入罐子中，蓋子關緊，再用繩子綁住，吊在飼料盆的上方。

壓克力容器

在每個容器的底部中心挖洞，並將2～3個容器疊起來，也可以使用能夠連結的類型。接著，再從最下面的容器穿繩子到上方就完成了。

飼料只有放在最上層的容器，當鸚鵡搖晃容器時，飼料就會逐一掉落到下方。

3 打開

將飼料放入袋子或箱子後再給鸚鵡。當鸚鵡看到裡面有飼料，就會使盡全力將袋子或箱子打開以吃到飼料。

免洗筷套

讓鸚鵡看到飼料放進免洗筷套的樣子，再將袋子拿給鸚鵡，鸚鵡會將筷套弄破以吃到裡面的飼料。在還沒習慣前，可以先將筷套稍微弄破。

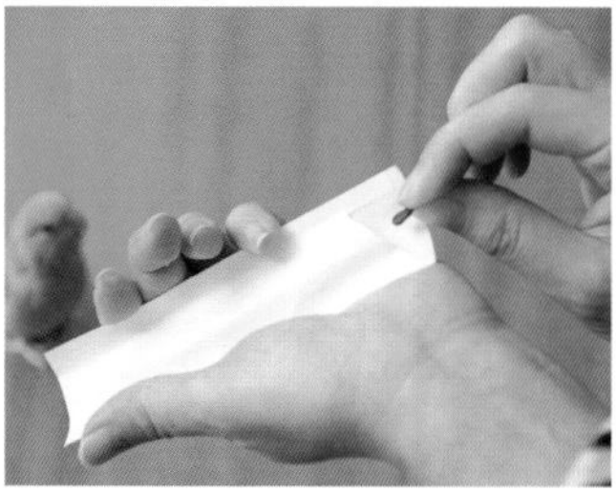

藥丸盒子

將飼料放入在百元商店有賣、有隔間的藥丸盒子，並先將蓋子稍微打開一半，讓鸚鵡容易打開。

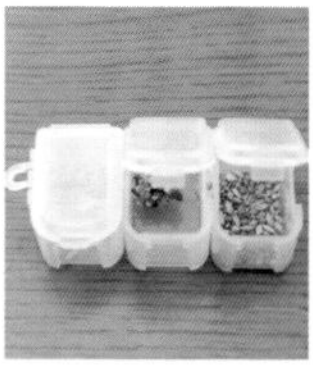

紙杯

將飼料放入小紙杯內，並將開口的部分壓扁塞進去。如果是給大型鸚鵡的話，牠就可以用腳握住紙杯，用鳥喙打開大快朵頤裡面的飼料。

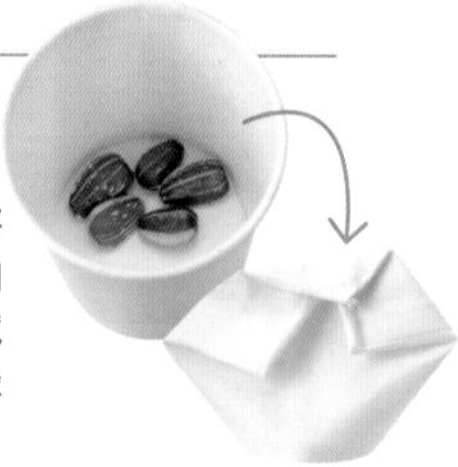

紙盒

將飼料放入小紙盒內，稍微打開可以看見飼料，並放在鸚鵡的旁邊。鸚鵡就可以試著拉開盒子並吃到飼料。

抽屜型玩具

市面上也有抽屜型的覓食學習玩具，讓鸚鵡使用鳥喙和腳將抽屜打開吃飼料。

4 轉動

也可以將飼料放入符合鸚鵡體形大小、且會轉動的容器中，並將容器挖洞。若是挖太多洞，飼料會掉太多，挖 2～3 個洞即可。

醬料罐

把剛剛介紹過「搖晃」的醬料罐挖洞，並放入飼料，在放風時拿給鸚鵡。鸚鵡會用鳥喙和頭部壓著來轉動罐子，就可以吃到裡面的飼料了。

扭蛋，或市售的玩具球

適合學習轉動覓食的物體，最推薦的就是扭蛋了。有些扭蛋的洞可以讓飼料剛好掉出來。請選擇適合鸚鵡體形大小的扭蛋。

也可以利用與扭蛋類似形狀的塑膠透明容器，讓鸚鵡學習覓食（也可以用p.113看家欄位裡介紹的商品）。

5 旋轉

只要轉動，飼料就會掉出的覓食學習法。若是要自己手作的話，可以先將壓克力盒子挖洞，再放入不銹鋼製的棒子並用螺絲固定。因為製作起來有點費工，可以用市售的覓食學習玩具會更方便。

市售玩具（大型用）

只要轉動玩具，飼料就會從洞裡掉出來。因為有附上把手，鸚鵡就可以方便用腳和鳥喙轉動。

市售玩具（中小型用）

轉動玩具，飼料就會從洞裡掉出來。為了不要讓飼料掉在鳥籠底部，請再放一個接飼料的容器。

COLUMN

注意鸚鵡的肥胖問題！

從上方確認胸部的豐滿程度

稍微過瘦

用肉眼就可以看出胸部呈現三角形並突起的樣子。用手觸摸後，龍骨突觸感非常明顯，且可以看到三角形骨頭的前端。

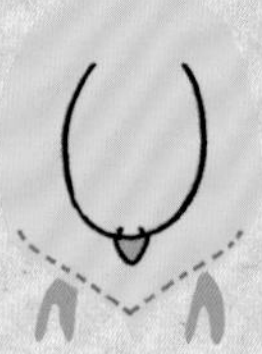

適中

胸部呈現魚板般的半圓形且帶點肉，龍骨突用肉眼難以辨別，不過用手觸摸後，可以感覺到前端。

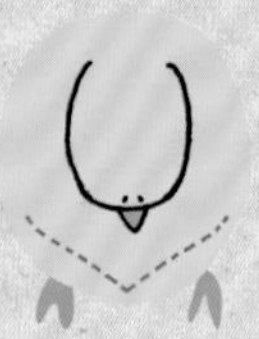

過胖

胸部整體圓潤，用肉眼無法看見龍骨突，用手摸也幾乎無法感受到。

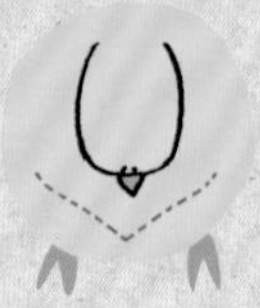

藉由觸摸鸚鵡胸部的骨頭，檢查鸚鵡的體格

因為鸚鵡全身都覆蓋著羽毛，不容易用肉眼實際看出鸚鵡的體格，因此請直接觸摸確認。鸚鵡的胸部中間有一個呈三角形突出的骨頭，叫做「龍骨突」。用手將胸部到腹部的羽毛撥開，透過龍骨突來判斷鸚鵡的體格。但是，請不要自己擅自判斷鸚鵡肥胖，就開始限制飼料的分量。鸚鵡就算只少吃一點點，也可能會身體變差甚至死亡。當飼主覺得鸚鵡有肥胖疑慮時，請一定要與獸醫師討論，並聽從獸醫的指示進行。

每天測量體重！

可以的話，每天在固定的時間測量體重，就可以掌握鸚鵡的體格是否適當。如果每天都測量的話，體重變化造成的身體狀況改變也能提早發現。再者，如果知道確實的體重，在就診時也能告知醫生，幫助醫生診斷及治療。

6章

鸚鵡的行為&探索鸚鵡的心情

鸚鵡的五感&高興・不悅

＼鸚鵡的／
五感

視覺

視野相當廣闊，動態視力非常優秀，擁有能看得相當遠的視力。此外，比起人類，可以分辨細微的顏色差別。

嗅覺

雖然不是非常發達，但是對於異常的臭味和香味等強烈的氣味能立刻有反應。因此要選擇鸚鵡喜歡的氣味的飼料。

味覺

雖然舌頭內的「味蕾」細胞較少，不過可以分辨味道的差異，會有喜歡或討厭的滋養丸。

聽覺

能聽到有人呼喚名字、或因為聲響而受到驚嚇等，擁有與人類相當的聽覺能力。也能夠分別同伴間的鳴叫聲。

觸覺

許多鸚鵡習慣且喜歡讓飼主撫摸。每隻鸚鵡不同，觸摸時有覺得舒服或不舒服的位置。

鸚鵡的五感中，視覺特別發達

在自然界中，鸚鵡是一邊飛行，一邊尋找食物，因此為了發現敵人的存在，牠們的視覺特別發達。此外，雖然牠們的聽覺普通，嗅覺、味覺甚至可以說不甚發達，但牠們依然會根據氣味和味道來決定好惡。對於觸碰也會特別敏感，像是被飼主撫摸時就會出現很陶醉的樣子。

此外，牠們也會撒嬌、吃醋，感情相當豐富。鸚鵡不善於面對壓力，因此，若是能事先了解鸚鵡的喜好與討厭的東西，就能為鸚鵡打造出更安心的環境。

\ 鸚鵡的 /

高興·不悅

有喜歡的顏色嗎？

每隻鸚鵡會有各自喜歡的特定顏色。舉例來說，若是餵食彩色滋養丸，有些鸚鵡只吃紅色、綠色等喜歡的顏色。

不喜歡哪裡被摸呢？

大多鸚鵡都不喜歡被摸屁股及尾羽周圍、翅膀等較敏感的部位。當這些部位被摸的話，有可能生氣甚至出現具攻擊性的鳴叫。

喜歡哪裡被摸呢？

一般來說，牠們喜歡被摸耳朵的周圍、頭部等位置。只要被摸到喜歡的地方，鸚鵡就會變得非常陶醉，眼神也會呈現想睡的樣子。母鸚鵡若是被摸到覺得舒服的地方，也可能會發情。

Q 鸚鵡也有「夜盲症」嗎？

A 即便在晚上也能看得很清楚。

不知道從什麼時候開始，人們對於鳥類有了夜盲症的印象，其實不僅是鸚鵡，並非「所有的鳥都有夜盲症」。候鳥即使在晚上，也會邊看著星星邊飛行；況且貓頭鷹也是屬於夜行性動物。不過，幾乎所有的鳥類都在白天時行動。牠們並不是因為看不到，而是因為在晚上行動的話，可能會受到夜行性動物的襲擊，所以才要減少晚上行動。

鸚鵡的

壓力來源

人・動物

其他的鳥・寵物

有些鳥類同儕個性很合，有些則是不太合且會對彼此造成壓力。像是狗或貓等肉食性動物也會讓鸚鵡感到害怕。

只有1隻鸚鵡

對於在野外群體生活的鸚鵡來說，若是只有1隻鸚鵡而且需要長時間看家的話，會讓牠感到不安。家中只飼養1隻鸚鵡的話，請家人一起為牠注入更多的關懷吧。

初次見到的人

當有第一次造訪的人，鸚鵡容易變得緊張。因此對於初次見到的人，請不要馬上讓他靠近，而是先讓鸚鵡在遠處觀察。

小孩子

如果家中孩子容易做出鸚鵡討厭的行為，像是突然發出大的聲響，或是下手不知輕重地亂摸的話，都會讓牠不想靠近。所以如果小孩子要和鸚鵡接觸的話，請大人要隨時緊盯。

聲音・行為

大的聲響

如果突然發出很大的聲音或聲響，可能會嚇到鸚鵡。請避免做出像是突然大叫、大力關門等會讓鸚鵡驚嚇的行為。

講電話的飼主

雖然一直講電話會打擾到鸚鵡，但是讓鸚鵡感覺到壓力的並不是飼主的聲音，而是正在講電話的飼主。因為鸚鵡看到自己喜愛的飼主正在熱線中，感到自己被忽視了。請在沒有鸚鵡的房間內講電話，盡量不要做出會讓鸚鵡感到嫉妒的行為。

廣播、電視的聲音

若是鳥籠靠近電視或收音機，而且長時間開到很晚不關，音量也很大的話，鸚鵡會變得無法好好休息。到了傍晚以後，請將鳥籠放在安靜的房間內，並調整成符合鸚鵡習性的生活作息。

長時間被盯著看

有些飼主會因為鸚鵡生病，太過擔心而一直守護著鸚鵡。不過長時間盯著鸚鵡的話，會造成牠們的壓力，反而讓生病鸚鵡身體變得更衰弱。

被從上方抓住

如果用手或布從鸚鵡上方蓋住的話，會讓牠們感到害怕。請不要做出像是將手伸進鳥籠要抓鸚鵡，或是伸出手指要阻止鸚鵡，以及從上方抓住鸚鵡的行為。

環境・移動

看病

像是給獸醫師撫摸身體，有時還需要注射等，讓鸚鵡聯想到痛苦的醫院，也會讓牠們感到害怕。有些鸚鵡連看到要去醫院時的外出籠，都會感到恐懼。即便如此，當牠們生病或健檢時還是得前往醫院就診，可以的話盡量在幼鳥時期就讓牠們習慣（也可參考p.97的「社會化」）。就診結束後，要給鸚鵡獎勵，回到家中也要讓牠們好好休息，盡量不要讓牠們對醫院留下不好的印象，可以的話請飼主多加留意。

散步・外出

有些鸚鵡喜歡到外面，有些則對於不同的環境會感到害怕，因此，請不要勉強帶牠們外出散步；另外，將鸚鵡放進密閉的小外出籠裡，並帶去不熟悉的地方也會讓牠們備感壓力。可以先將外出籠的蓋子打開，白天時放在房間內，放風時讓牠們自由進出，事先讓鸚鵡習慣。

房間的電燈

鸚鵡屬於日行性動物，一到了晚上就要睡覺。若是一天日照時間超過10小時，鸚鵡可能會不斷發情，導致健康受損。日落以後請將鳥籠放在昏暗的房間，並配合牠們正常作息。

搬家

搬家時的移動會造成鸚鵡的負擔，不管怎樣鸚鵡都無法適應環境劇烈的改變。在習慣新環境以前，請給牠們多一點時間。搬家後，請仔細觀察鸚鵡的樣子，若是變得沒有食慾，請詢問專門獸醫師。

香菸、精油的味道

香菸裡含有有害物質，會造成鸚鵡中毒，危及性命。而且尼古丁的成分殘留家中也會危害鸚鵡。因此，若家中有飼養鸚鵡的話，請不要吸菸。此外，即便是香精和精油等帶有香味的東西，也可能含有有害物質，在房間使用時請稍加控制。

COLUMN

遇到災害時的避難

像是地震等的災害，沒人會知道何時發生。等到真的發生時，與其嚷嚷著「鸚鵡該怎麼辦？」而慌慌張張，不如平常就先做好準備。

若遇到需避難的情形，請將鸚鵡連同鳥籠或外出籠一起移動。平時去醫院或外出時，就已經習慣待在外出籠裡的話，真正發生災難時也不會有太大的問題。另外，鸚鵡專屬的外出物品也先一同裝進後背包，並放在鳥籠旁邊以及靠近玄關的位置。

待在避難所時，鳴叫聲可能較容易帶給周遭的人困擾，特別是中大型鸚鵡的鳴叫聲十分大。一旦遇到需外出避難的情形，可以的話也請攜帶隔音用的壓克力箱子。

此外，避難所的管理依地區而定，有些避難所允許攜帶寵物，有些則備有儲備糧食等。請事先向各地區的防災相關部門確認會更安心。

外出時的鸚鵡用品

☐ **飼料類**

最少準備3天份，可以的話請準備一週的分量。

☐ **水**

裝有500毫升的寶特瓶較便利。這也是一週的分量。

☐ **暖暖包**

若遇到避難所較寒冷時，請先準備5～6個。

☐ **蓋在鳥籠上的布（浴巾）**

用於寒冷及晚上時，可以讓鳥籠隔絕照明。

☐ **封箱膠帶、絕緣膠帶**

用於補強固定鳥籠和外出籠。

☐ **有的話會更方便的物品**

平時玩習慣的玩具、毛巾、面紙（衛生紙）、報紙、塑膠墊等。

平常就讓牠習慣待在外出籠

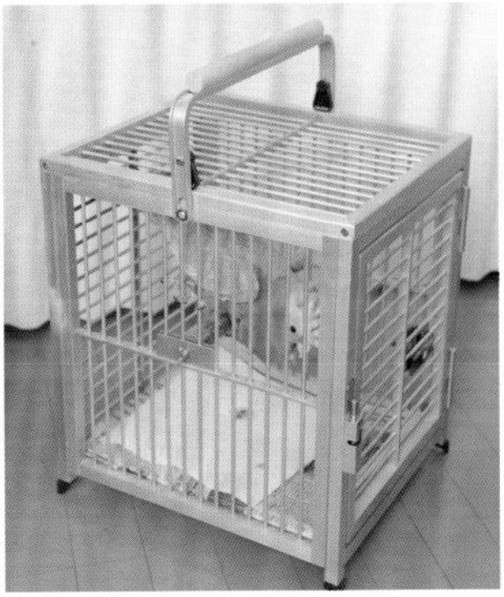

大型鸚鵡適用的外出籠

鸚鵡的智力與認知能力

幼兒程度的智力
也能有情感上的交流

鸚鵡的智力大約是人類3～5歲左右的小孩程度，不過也有些鸚鵡在與飼主接觸、對話的過程中，能夠做出符合情況的回應。根據美國的研究，據說鸚鵡的認知能力與黑猩猩和海豚同等級甚至以上。此外，鸚鵡對於不喜歡的體驗也會一直記著。

鸚鵡的感情表現也相當豐富，對於人類的感情和聲音，能從表情上敏銳地解讀。因此在飼養時，也可以感受到與鸚鵡心意相通的樂趣。

這些鸚鵡辦得到嗎？

認識飼主

對於每天照料鸚鵡的飼主，牠們是**能夠清楚認識**的。鸚鵡可以分辨飼主的聲音，也可以清楚判別飼主的身影，甚至有可能連飼主的氣味都略知一二。當然也能區別出家中其他的人，以及分辨出熟悉的家人以外的人。對於不認識的人造訪時，有些鸚鵡可能會因為緊張而表現得與平常不一樣。

記得名字

對於多次被呼喊的名字**能夠確實記得及做出反應**。若是飼養多隻鸚鵡的話，每一隻鸚鵡對於自己的名字也都知曉。此外，當牠們以為在叫牠們名字時，可能會看到鸚鵡轉頭的樣子。

擁有高智力的非洲灰鸚鵡「艾利斯」

美國的認知行為學者艾琳・派波柏格（Irene M. Pepperberg）使用了「榜樣與對手法」（參考p.149）來對非洲灰鸚鵡艾利斯進行研究。結果顯示，艾利斯能夠辨識50種物體、7種顏色以及5種形狀、能數到數字6，擁有人類5歲孩童的智力以及2歲孩童的感情。

在牠31歲過世的前一晚，艾利斯對從研究所出來的博士說：「明天見。你保重，我愛你。」而這也成為艾利斯最後所說的話。因此，從博士的研究以及與艾利斯之間的故事，便可以證明鸚鵡的高智商。

非洲灰鸚鵡擁有極高的智力（照片並不是艾利斯）。

讚美、責罵

從飼主聲音的語調和表情，鸚鵡**能夠查知**飼主是否高興或生氣。雖然不知道飼主讚美或責罵的理由，但是對於自己所做的事也能夠明瞭飼主的反應。特別是很多鸚鵡能夠清楚記得飼主生氣時的反應，且之後就不會再做相同的事（參考p.140～141）。

認識場所

鸚鵡對於場所也**能清楚認知**。如果待在與平常不一樣的房間或鳥籠裡，牠們就會無法鎮定。此外，前往醫院前放進外出籠時，對於認為醫院很恐怖的鸚鵡來說，想到要進入外出籠前往令自己害怕的場所，可能就不想進去外出籠了。

解讀鸚鵡動作以了解其心情

從各種動作猜猜看鸚鵡的心情吧

鸚鵡的表情相當豐富，時常可以看到五花八門的動作。牠們心情好時，會高興地喋喋不休，或是手舞足蹈、活蹦亂跳；覺得難過時，會變得垂頭喪氣；生氣時，會把全身的羽毛豎起來表達自己的不悅。

接下來就要逐個介紹，到底鸚鵡會出現哪些動作和舉止。我們便可以從鸚鵡的動作來解讀牠們在想什麼、感覺如何等的資訊。

平日常見的動作

伸展翅膀

一開始會依序伸展單邊的翅膀和腳，最後會同時伸展雙翼。這是有種「準備開始了」，且身心處於放鬆的狀態，有什麼事要發生時，就會看到這樣子的動作。

歪頭

鸚鵡歪頭，是牠正在用一隻眼睛聚焦在某個感興趣的東西上的意思。時常可以看到鸚鵡像這樣用一隻眼睛觀看。

全身縮在一起變得細長

當鸚鵡在玩耍、或是看到有趣的事物而變得興奮時，全身就會縮起來變得細長。此外，當牠們感到不安或緊張時，表情會變得僵硬、全身也會變細。

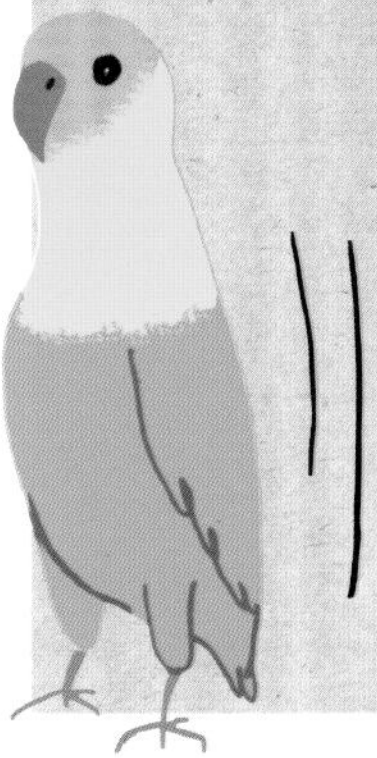

鳥喙發出
咯哩咯哩的聲音

當鸚鵡想要睡覺或心情很平靜時，就會做出這樣的舉動。為了迎接明天，事先磨鳥喙霍霍的概念。

頭部突然向前伸

碰到有趣的事情時，身體會往那個方向伸出。對於警戒心本來就比較高的鸚鵡來說，這是牠們看到感興趣的事物時會有的動作。

瞳孔變成「一點」

當鸚鵡受到驚嚇、感到快樂或是生氣等情緒高漲的時候，瞳孔就會縮小、看起來像是變成一點的樣子。不過像是桃面愛情鸚鵡那樣眼睛全黑的狀況，應該不太容易分辨吧。

躲在後面
探頭探腦地窺視

就像與嬰兒玩「看不見看不見，哇～」的遊戲他就會開心一樣，一下讓對象進入視線一下又消失的話，讓鸚鵡覺得很有趣所以會一再重複。另外，對於初次見面的人也會提心吊膽地不斷窺視。

嘴巴大大張開打呵欠

鸚鵡和人類一樣，也會有覺得放鬆、想睡的時候。不過，在初次見面的人的面前或感到緊張時，有時候打呵欠也能讓牠們變得比較冷靜。

一直看著相同的地方

對於在意的事物，就會充滿好奇心不斷觀察。即便是很細微的事物，鸚鵡也能看到。

對鏡中的自己感到興趣

牠們會將鏡子裡的鳥當作其他的鳥，並開始與其對話。不過要特別注意若是鸚鵡對自己的模樣有好感，可能會引起發情的情況。

一邊啄一邊玩弄眼鏡

公鸚鵡對於會發光的物品特別感興趣。根據鸚鵡的個性或是否發情，可能純粹是出於把玩性質，不過也可能出現把物品當作敵人般攻擊的行為。

鑽進狹窄處

基本上，鸚鵡喜歡狹窄、昏暗的場所，因為可以讓牠們感到安心和放鬆。不過，有可能是將喜歡的場所當作鳥巢而開始發情。

心情愉快的動作

整理羽毛

當鸚鵡在用鳥喙悠閒地整理全身羽毛時，代表牠們現在非常放鬆。有時可能是要讓羽毛變得蓬鬆。

心情愉悅地唱歌

當鸚鵡心情高興、愉悅時，牠們會快樂、放鬆地唱起歌來。

冠羽放平

與「冠羽豎起」（p.132）相比，冠羽放平代表鸚鵡現在心情相當平靜、放鬆。

上下左右搖擺跳舞

開心的時候，鸚鵡會熱情地舞動，表現出自己的好心情。對於同伴意識強烈的鸚鵡品種，也會將飼主當作自己的同伴而表達高興的一面。

趴著睡覺

通常鸚鵡都是以停在棲木上的姿勢睡覺，主要是為了當發生事情時，可以立刻逃走。所以當鸚鵡以這樣的姿勢睡覺時，代表牠們對於現在的環境很安心、放鬆。

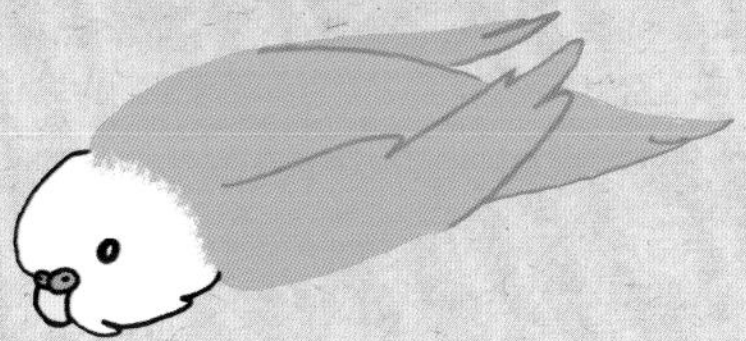

需要多加注意的動作

臉上的羽毛蓬起 左右搖晃

當鸚鵡左右搖晃時，代表對對方帶有敵意，且臉上的羽毛蓬起是因為牠現在正在生氣。此時最好不要靠近比較好。

冠羽豎起

與「冠羽放平」（p.131）相比，像雞尾鸚鵡冠羽豎起時，表示牠們現在處於驚嚇及害怕，且精神集中在某個東西上。

臉上的羽毛蓬起 發出「哼～」的呼吸聲

代表牠們正在生氣，鸚鵡會大張嘴巴、帶有殺氣地看著對方。此時，請不要插手在旁邊默默看著就好。

尾羽打開

當鸚鵡將尾羽大大展開時，主要是為了讓自己看起來比較大，作為虛張聲勢之用。

將臉埋進背後

天氣寒冷時常做的動作。不過，當鸚鵡熟睡時也可以看到。若是在睡覺時間以外時出現這樣的動作，有可能是生病了，請馬上帶鸚鵡就醫。

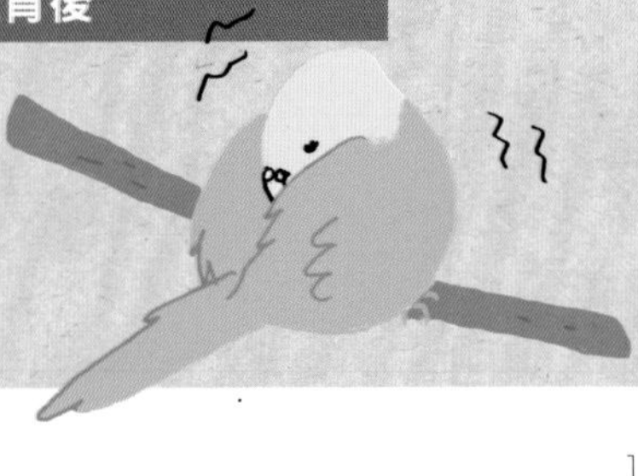

張開翅膀
不想離開鳥籠

這是雞尾鸚鵡常有的特殊姿勢。主要是要向他人表示這裡是屬於自己的範圍。

打開兩邊羽毛
發出「啪嗟啪嗟」的聲音

碰到討厭的事後，想讓心情平復下來時的動作；有時也會表示「不要再弄了！」的意思。

向飼主表現自己的動作

稍微抬起翅膀舞動

將翅膀稍微往上抬起左右舞動時，代表鸚鵡現在心情不錯。有時是想要吃點心或玩耍等在向飼主撒嬌時，也會出現這樣的姿勢。

低著頭靠近

就像是鞠躬般，將頭輕輕低著慢慢靠近，是希望飼主能摸摸頭和臉頰的撒嬌姿勢。如果沒摸牠的話，就會用「要摸了沒？」的表情由下往上看著飼主。

在棲木上左右來回移動

在棲木上左右來回、看起來坐立不安的感覺，那是因為牠想要從鳥籠出來玩耍的暗示。

單腳站立著搔頸部和下顎

當鸚鵡單腳站立、悠哉地搔癢著某處的話，代表牠們現在很無聊。飼主看到鸚鵡有這樣的動作時，就表示牠在說：「現在很無聊，來玩嘛～」的意思，請飼主就陪牠玩耍一下吧。

移開視線

這是牠們對飼主委婉拒絕的表現。當牠們停在手上但背對著人的話，也是同樣的表現。此時，代表牠們覺得討厭、「不要看我，也不要管我」的意思，此時飼主就不要刻意去摸牠們。

咬人的耳朵

有可能是希望引起飼主的注意，或者是因為焦慮不安。不管哪一種，最重要的是不要對鸚鵡的動作產生反應。（參考p.152～153）

鑽入頭髮或衣服裡

這可能是牠們將飼主視為戀人的緣故。另外，牠們若將頭髮或衣服當作鳥巢鑽進去的話，可能會引起鸚鵡過度發情，因此要注意不要讓鸚鵡太過執著。

丟下玩具後四處張望

牠們很享受玩具掉下的樣子和聲音，所以會不斷重複。此外，有時是希望飼主撿起來，或是想要飼主跟自己一起玩。

親熱‧求愛的動作

不斷摩擦屁股

公鸚鵡發情時會有的動作。為了不要讓鸚鵡因過度發情而得病，可以利用覓食學習（參考p.112～117）等來控制（參考p.90～91）鸚鵡發情。

用鳥喙敲打棲木

可以當作是公鸚鵡展現愛情的一種表現。此外，牠們也很喜歡敲打時發出的聲音。

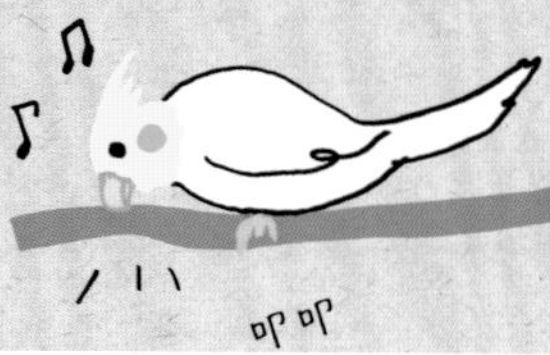

將紙撕碎 插進腰部和羽毛裡

時常能在母桃面愛情鸚鵡身上看到的發情行為。若是鸚鵡發情過於頻繁，請務必做好管理（參考p.90～91）。

頭部上下擺動 並吐料

吐料也是愛情表現的一種。不過，當鸚鵡頭部左右搖晃並吐料時，有可能是生病了，請飼主多加觀察注意。

透過鳴叫聲表達心情

因為鸚鵡的感情相當豐富，牠們不僅會用動作，還會用鳴叫聲來表達自己的心情。雖然有些聲音不太容易分辨，不過請在與鸚鵡每天的相處中察覺這些微妙的差異吧。

容易分辨鳴叫聲的例子

- □ 呼喚牠時發出「嗶咿」的鳴叫
  - ➜ 當飼主呼喚牠的名字時，鸚鵡回答的鳴叫聲。
- □ 發出短促的「嗶唏」的嘟噥聲
  - ➜ 鸚鵡打噴嚏時發出的聲音，流出鼻水的話要盡早就醫。
- □ 睡覺時發出嘟嘟囔囔的聲音
  - ➜ 鸚鵡淺眠時說的夢話。

COLUMN

鸚鵡和鳳頭鸚鵡哪裡不一樣？

雖說從名字上可以知道，但大多還是不太清楚這兩者的差異。以名稱鸚鵡和鳳頭鸚鵡來說的話，分別是指「鸚鵡科」和「鳳頭鸚鵡科」。

以生物分類學上來看，鸚鵡是屬於「鸚形目」的鳥類，而「目」的下一層就是「科」。雖然都屬於「鸚形目」，但是根據身體的特徵和飲食習慣，又可以分成「鸚鵡科」、「鳳頭鸚鵡科」以及「吸蜜鸚鵡亞科」。

「吸蜜鸚鵡亞科」最大的特色就是牠們的飲食；而「鸚鵡科」、「鳳頭鸚鵡科」外觀上的差別，就在於頭上有無冠羽，若是有冠羽就屬於「鳳頭鸚鵡科」。舉例來說，像是雞尾鸚鵡雖然名字中只有鸚鵡二字，但是因為頭上有冠羽，所以正確的分類應該是「鳳頭鸚鵡科」。

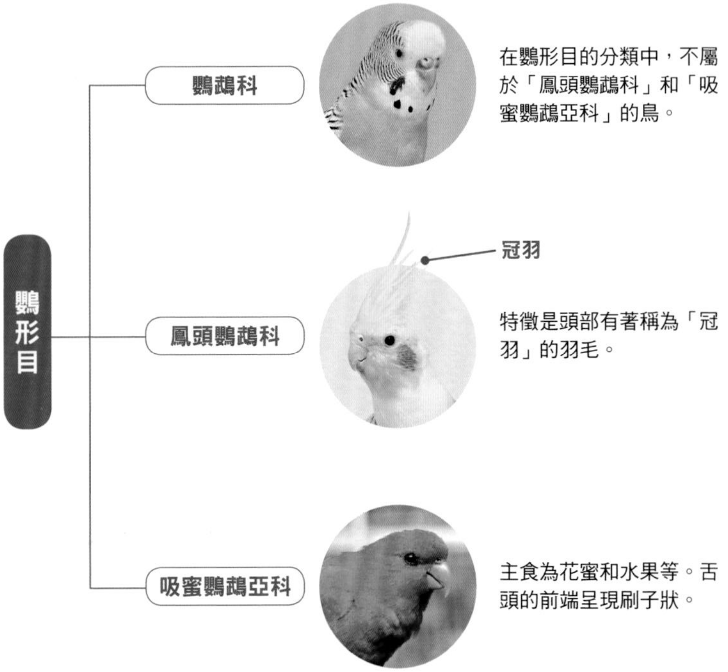
鸚形目
鸚鵡科
在鸚形目的分類中，不屬於「鳳頭鸚鵡科」和「吸蜜鸚鵡亞科」的鳥。
冠羽
鳳頭鸚鵡科
特徵是頭部有著稱為「冠羽」的羽毛。
吸蜜鸚鵡亞科
主食為花蜜和水果等。舌頭的前端呈現刷子狀。

7章

對鸚鵡的教養&玩樂信心滿滿

成為值得鸚鵡信賴的飼主

了解鸚鵡與人之間的距離感

飼主若是想要與鸚鵡相處愉快，最重要的是彼此之間需要建立信賴關係。雖然鸚鵡喜歡和飼主一起玩耍，不過有時候牠們也想自己玩。如果這時飼主一直纏著牠們，鸚鵡可能會覺得討厭。就像是人與人之間交往時一樣，與鸚鵡保持適當的距離感也相當重要。

此外，飼主若是言行不一或是說話太粗魯，可能會造成鸚鵡的不信任感。因為鸚鵡是群體行動的生物，因此也能感受到群體（＝飼主及其家人）間的緊張和壓迫的氣氛，自己也跟著被同化。這在自然

培養信賴關係的要點

1 不要根據心情改變態度

對鸚鵡的態度保持一致相當重要。對於相同的行為，飼主有時讚美、有時生氣、有時則漠視；當牠們表演才藝時，飼主平常總是讚美，但是今天卻忽視……如果以這樣的方式相處的話，鸚鵡可能會對飼主產生不信任感。

2 言語、舉止不要過於粗暴

對於鸚鵡的問題行為，請直截了當並冷靜處理。若是對鸚鵡胡亂生氣的話，鸚鵡反而會對飼主有反應這件事感到開心。因此，當鸚鵡做出相同的行為惹得飼主反覆生氣的話，鸚鵡會變得混亂，也會失去對飼主的信賴。

界中是很理所當然的習性，但在飼養的情形下，飼主焦慮的心情可能會直接變成鸚鵡的壓力。因此，飼主平時就應該就要注意與鸚鵡的相處，更能建立彼此的信賴關係。

若是彼此信賴關係出現裂痕時

若是鸚鵡與飼主之間的信賴感消失，或是鸚鵡無法安心地待在旁邊時，請不要勉強去摸牠，或是讓鸚鵡停在手上。首先要先了解原因，並將其解決，然後慢慢修復彼此的關係。一開始先呼喊鸚鵡，然後慢慢靠近→當鸚鵡的腳踏上飼主的手時就誇獎牠→停到手上時就大力誇獎，像這樣子逐步練習。若是關係修復的話，可以進行「訓練的4個指示」（p.142～143）重新與鸚鵡相處。

3 過著作息規律的生活

像是補充飼料、換水、換墊子等每天的例行工作，請規律進行。如果飼主偷懶的話，鸚鵡也會感覺到，這有可能會變成彼此信賴出現問題的原因之一。

4 不勉強鸚鵡玩樂或訓練

當鸚鵡不想做時，請不要勉強牠玩樂或進行訓練。另外，即使教導了還是無法學習起來的話，也絕對不可以對牠生氣。如果飼主讓鸚鵡做出牠不願意的事，或是遇到學不來的事就生氣的話，可能會讓鸚鵡對飼主抱有不信任感。

5 不要過於執著

雖然鸚鵡喜歡與人玩耍，但是有時候可能也會興致缺缺。切記這時候絕對不要勉強，特別是在反抗期時，鸚鵡會變得敏感。但是也不是放著不管，而是要好好與鸚鵡溝通。

教養的基礎就是讚美

錯誤的教導方法可能會使行為不斷反覆

當鸚鵡惡作劇時，通常飼主會大聲地說「喂！」、「不要這樣！」來責罵，不過鸚鵡並不會以為自己被責罵，反而覺得自己「獲得飼主的注目」。若是不斷重複這樣的事，可能會陷入惡性循環而無法停止。要讓鸚鵡停止不好的行為，當牠惡作劇時請假裝不知道。若是鸚鵡停止惡作劇，飼主可以說「好乖哦！」來讚美牠。這樣的話，鸚鵡也能學習到「不要做比較好」的想法。

好的行為循環

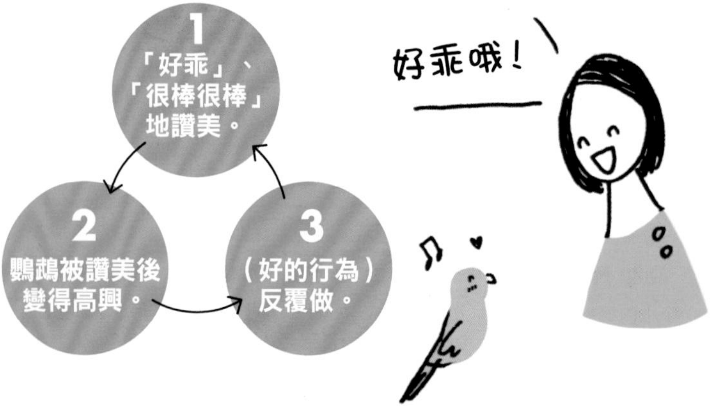
1
「好乖」、「很棒很棒」地讚美。
2
鸚鵡被讚美後變得高興。
3
（好的行為）反覆做。
好乖哦！

不好的行為循環

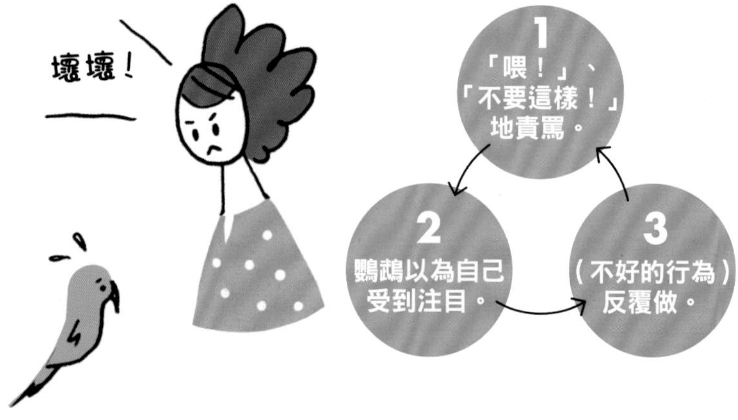
壞壞！
1
「喂！」、「不要這樣！」地責罵。
2
鸚鵡以為自己受到注目。
3
（不好的行為）反覆做。

讓鸚鵡容易理解的讚美方法＆教養方法

鸚鵡會仔細觀察飼主的樣子來感覺喜怒哀樂。對於自己做了某個行為，讓飼主開心或生氣等也相當敏感。要學習用「讚美」、「責罵」的方法，鸚鵡也比較容易理解，搭配有點誇張的表現，是讓鸚鵡學習的捷徑。

如果鸚鵡做了某個行為，重要的是立刻讚美或責罵。經過一段時間才反應的話，做哪些事會被讚美或責罵，鸚鵡就不容易理解。

藉由❶聲音的語調、❷表情、❸動作，更容易理解鸚鵡的舉止！

讚美的時候

❶用較高的語調說「乖孩子」之類的話。

❸摸摸牠、給牠點心。

❷帶著笑臉看著鸚鵡。

責罵的時候

❶使用強硬的語氣說「不行」，太大聲嚷嚷的話，鸚鵡會變得高興，因此要冷靜地說。

❷皺著眉頭看鸚鵡。

❸豎起一根手指（制止的信號）讓牠看到。 對於不能做的行為感到開心而不斷重複的話，飼主的忽視是最好的方法。

若是飼主想要幫牠量體重，或是讓牠回到鳥籠等牠不喜歡的行為時，就在這些行為之後給予點心，讓牠學習「做這件事，就能吃到好吃的」，讓牠對此行為不會覺得討厭。

善加利用點心的方法

- 平時不給點心，為了讓鸚鵡有特別的感覺時才稍微給一些。
- 給太多的話會造成肥胖，請注意分量和次數。
- 做了某個行為時，一邊讚美牠一邊給點心。

訓練的4個指示

基本的4個指示

為了理解鸚鵡的意圖，接下來的「4個指示」訓練相當重要。分別是：

「上來」
「下來」
「不可以」
「好喔」

請飼主耐著性子反覆教導，讓鸚鵡熟習。訓練最基本的就是要多讚美，當牠做到時，請大力誇獎。此外雖說是訓練，但也不是拚命地過度教導，請飼主以愉悅的心情進行。

1「上來」

讓鸚鵡停在手或棲木上時的指示

訓練方法

飼主說「上來」時，手指就伸向鸚鵡的腳邊（參考p.145的步驟④）。藉由這個指示讓鸚鵡從停在棲木上變成手上、從右手變成左手、從自己的手到別人的手，進行各種組合讓鸚鵡逐步挑戰。

2「下來」

從手上移動到棲木、家具、地板等的指示

訓練方法

讓手上的鸚鵡下來站在棲木、家具、地板上等，就可以說出「下來」的指示。雖然鸚鵡有可能沒聽到指示就自己下來，但是當牠下來時，飼主要立刻說出「下來」的指示，重點是要讓牠有「透過人類的指示才做」的認知。

在訓練時不可以做的事

1 拍手

雖然對人類來說是讚美的行為，但是在拍手時會產生聲音和動作，可能會嚇到鸚鵡。

2 用聲音加油

雖然我們會說「加油！」等來替鸚鵡打氣，不過可能會讓鸚鵡分心。此外，飼主多餘的反應也可能造成鸚鵡困惑。

3 在訓練的過程中讚美鸚鵡

在訓練的途中讚美鸚鵡的話，可能會讓鸚鵡感到滿足，不過這會讓鸚鵡之後不知道要做什麼才會得到飼主的讚美。

4 開著電視或錄音機進行

無論是聲音或畫面都可能會讓鸚鵡分心，因此避免邊做什麼邊訓練，請確實面對鸚鵡。

3「不可以」

鸚鵡準備做出一些行為時，下達讓牠停止的信號

訓練方法

當飼主對鸚鵡強硬地說「不可以！」時，語調要有抑揚頓挫。請避免呼喊鸚鵡的名字，像是「○○（鸚鵡的名字）不可以哦！」若是名字與指示一同說出的話，會造成鸚鵡混亂。可以像照片那樣，制止鸚鵡時用手指當作信號，鸚鵡也比較容易理解（參考p.141「責罵的時候」）。

4「好喔」

鸚鵡準備做出一些行為時，表示可以的信號

訓練方法

當鸚鵡要做出某些行為時，對鸚鵡說聲「好喔」，說出「好喔」時可以摸摸牠的頭作為信號。雖然即便不出聲鸚鵡也有可能做，但是透過信號讓牠認知到「得到人類許可」才行動這件事。不需要過於使用，只有在抓到適當時機時再使用就好的信號。

讓鸚鵡停在手上的訓練

先習慣環境後再開始訓練

若是想要鸚鵡停在手上的話，最好選擇年輕的鸚鵡。如果是沒有受過人類飼養的成鳥，對牠們來說停在手上可能會有點困難。去寵物店時，建議挑選經過人類親餵的幼鳥。

剛來到家中的鸚鵡，對新的環境可能會感到緊張。請不要一開始就進入訓練，而是先讓牠靜靜待上幾天。可以先試著慢慢越過鳥籠摸摸鸚鵡、呼喊名字或是用手給鸚鵡點心。

1 試著將手伸進鳥籠中

如果鸚鵡已經習慣環境的話，可以試著慢慢將手伸進鳥籠中。若鸚鵡不喜歡的話，請不要勉強。

2 稍微試著摸摸鸚鵡

如果對人的手不會感到抗拒的話，可以試著輕摸鸚鵡。雖然一開始牠可能會有點緊張，但是漸漸就會習慣。

3 用手給鸚鵡點心

牠們習慣飼主的手之後，可以試著用手給予獎勵的點心。有些鸚鵡可能就會停在手上，吃起點心。

4 停在手指上

將手指伸在鸚鵡腳邊上方一點的位置，輕輕地碰到鸚鵡的腳。當鸚鵡一腳停在手上後，就將手指往上提，讓另一腳也停到手上來。

5 試著將鸚鵡帶出鳥籠

如果鸚鵡都能順利按照以上指示做的話，就一邊說著「上來」的指示進行步驟④。若是鸚鵡已經可以辦到的話，就可以試著將鸚鵡帶出鳥籠。

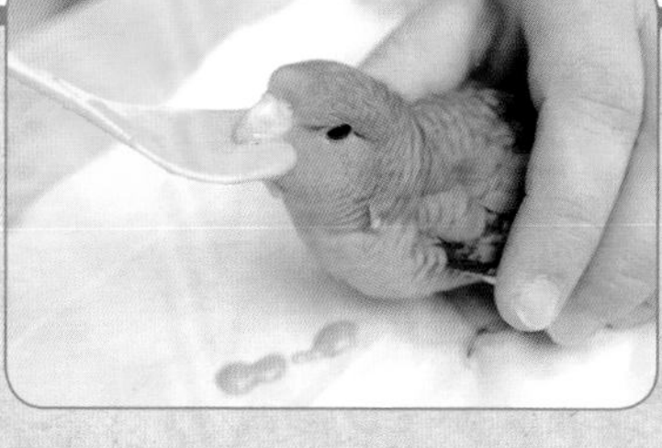

從雛鳥開始訓練停在手上

若是要讓鸚鵡能停在手上，最好的方法就是從雛鳥開始飼養。飼主親餵鸚鵡來飼養，能讓彼此建立更深的信賴關係。若不是從雛鳥開始飼養，也可以選擇由寵物店親餵飼養的中型雛鳥（約2個月大）。

教導鸚鵡說話

一邊觀察鸚鵡的反應一邊快樂地訓練

對鸚鵡來說，牠會將住在一起的飼主和家人當作「群體的同伴」。若是讓鸚鵡理解，與同伴之間帶有感情地說話可以作為溝通的手段，鸚鵡自己就會想學習說話了。此時，請一邊觀察鸚鵡的反應，一邊快樂地進行訓練。不過並不是所有的鸚鵡都能學會，因為在鸚鵡的品種裡，也有分成擅長說話及不擅長的類型，況且根據個體的差異，也有很會說跟不太會說的區別。

哪一種比較擅長說話呢？

公鸚鵡 or 母鸚鵡	比起母鸚鵡，據說公鸚鵡更擅長說話。主要是因為在自然界中，公鸚鵡需要藉由各種不同的鳴叫聲來吸引母鸚鵡。不過也有些母鸚鵡會說自己的名字或是「好孩子」等的單字。
成鳥 or 幼鳥	從幼鳥到小鳥的這段時期，鸚鵡為了繁殖必須積極地與同伴對話。因此從這個時期開始教導鸚鵡說話便很適合，不過也是有到了成鳥之後，才開始學習說話等教導起來較困難的例子。
1隻 or 飼養多隻	開始進入訓練時，與鸚鵡一對一教學會比較容易記得。不過若是飼養多隻鸚鵡，且已經住在鳥籠的鸚鵡本來就會說話，之後才來的鸚鵡有可能也會變得能夠說話。
（飼主是）男性 or 女性	一般來說，女性的聲音比較會有抑揚頓挫而且比較高昂，據說鸚鵡對該音域較感興趣，因此會比較容易學會說話。雖說男性的聲音也能讓鸚鵡記住，不過若是將音調調高一點說話也許會比較好。
多話者 or 少話者	飼主若是時常與鸚鵡說話，鸚鵡就能聽到各式各樣的字彙，這樣也比較容易學好。鸚鵡為了對拚命說話的飼主有所反應，基本上也會以說話來回應。

說話訓練的基本方法

1 一開始從短的單字開始

一開始請從簡短的單字開始，並帶有感情、有條理地跟鸚鵡說話。舉例來說，可以先教鸚鵡的名字。訓練時最重要的，是讓鸚鵡集中精神聽飼主的聲音，並多次反覆練習。

2 四目相交地教導

在教導說話時，不論是讓鸚鵡停在手上或越過籠子都可以。不過更有效的方法是，面向鸚鵡、四目相交地說話。此時，鸚鵡也會盯著飼主的眼睛和嘴唇的動作，認真聆聽。

3 記得的話語反覆練習

對於開始會記憶單字的鸚鵡，可以讓牠自己練習。雖然一開始會含糊不清，不太清楚牠在說什麼，不過慢慢地就能夠理解。此時，不管什麼情形都要讚美牠，並給予獎勵。接著再持續練習吧。

Q 家人多的話能讓鸚鵡更會說話？

A 根據照顧的人而定。

若是希望鸚鵡能夠學會說話，家人與鸚鵡的關係如何、是否有跟牠說話都會成為重點。不過，即便家裡的人很多，如果都只是一個人在照顧以及跟鸚鵡說話的話，此時人數的多寡就不會影響到鸚鵡的學習。

Q 很擅長說話的鸚鵡種類為？

A 虎皮鸚鵡和非洲灰鸚鵡等。

並不是所有種類的鸚鵡都會說話，不過其中又以虎皮鸚鵡最擅長；桃面愛情鸚鵡不太擅長；而雞尾鸚鵡則會模仿口哨。大型鸚鵡的話，則是以非洲灰鸚鵡及亞馬遜鸚鵡屬等最善於處理複雜的語言。

教導說話的重點

1 平常就要與牠搭話

可以的話，就先從「早安」、「晚安」、「過來」等向鸚鵡搭話。或是也可以呼喊鸚鵡的名字。

2 在相同狀況使用固定的單字

早上起來就說「早安」，在餵飼料時就說「吃飯了」等，在固定的動作和狀況說固定的單字，這樣能夠讓鸚鵡連結到日常生活而將單字記起來。

3 注入感情與鸚鵡搭話

看到鸚鵡時，會不自覺地說出「好可愛啊！」等富含感情的話語，這樣能讓鸚鵡的印象深刻，也比較能夠重現。不過，像是「可惡！」等含有負面情緒的單字，因為鸚鵡也會記住，請特別注意。

5 說話時要讚美牠

鸚鵡準備說話時，首先要先讚美牠。如果鸚鵡已經能說得不錯時，立刻走到鳥籠旁邊，然後大力地誇獎牠。被讚美的鸚鵡就會將「說話時很開心」的這件事銘記在心。

4 從看不到的地方呼喊鸚鵡

對鸚鵡來說，語言是遠距離溝通的一種，因此，也可以試著讓鸚鵡待在鳥籠裡，從別的房間呼叫牠。讓鸚鵡記住，在看不到對方時，語言也能夠發揮作用。

利用「榜樣與對手法」教導

教導說話時，使用「榜樣與對手法」（Model-rival training）會十分有效。鸚鵡本來就是以群體生活為主，因此會將同伴當作榜樣，做一樣的行動才會比較安心。此外，牠們也有不服輸的一面，因此在群體中也會有「對手」的存在，並拿出真本事來競爭。能夠利用鸚鵡這樣的習性來教導說話的方法，就是「榜樣與對手法」。

由飼主與另一人（助手）2人進行，助手飾演鸚鵡的角色。助手先行說話（希望鸚鵡記住的），並讓鸚鵡看到飼主給予助手獎勵的樣子。對鸚鵡來說，在把助手當作自己的榜樣時，也可能會把奪走飼主注意的助手當作敵人。然後，鸚鵡若想要被讚美就會模仿助手做同樣的行為，進而提高說話的能力。

循序漸進地說話

1 讓鸚鵡記住歌曲

當鸚鵡跟著人類的歌曲一邊哼，一邊擺動頭部，就是代表牠們有興趣的象徵。此時，可以集中精神教導牠喜歡的歌曲。比起節奏快速的歌曲，沒有什麼高低起伏的童謠等會更容易記得。

2 教導牠吹口哨

雞尾鸚鵡很擅長模仿飼主吹口哨哼歌，特別是公鸚鵡喜歡口哨的可能性較高。不過，如果飼主吹口哨時音不準的話，鸚鵡可能也會直接記住。

3 教導鸚鵡說故事

並不是一開始就要讓鸚鵡記住很長的句子。舉例來說，當鸚鵡學會說「很久很久以前」這種短句之後，就可以稍微增加一點內容，像是「很久很久以前，有個地方」，像這樣一點一點地添加句子長度。

4 與人一來一往地說話

有些鸚鵡能夠與人對話，像是當飼主問：「你叫什麼名字？」，鸚鵡就會回答：「我是〇〇」。透過不時的練習對答，並且大力讚美正確說出回答的鸚鵡，牠們就會記得這個一來一往的內容。

6 模仿家電用品的聲音

鸚鵡對於模仿電器用品發出的聲音非常擅長，像是微波爐的「叮～」或是廚房計時器的「嗶嗶嗶嗶」，很多鸚鵡都會模仿。另外，有些鸚鵡還會模仿智慧型手機「咔嗒」按下相機快門的聲音。

5 配合時間、地點和場合說話

對鸚鵡來說，每天的例行公事相當重要。當飼主早上時說早安，晚上時說晚安的話，鸚鵡就可以辨別，並且會漸漸地也在這段時間說話。另外，有些鸚鵡也會對回到家的飼主說「你回來了」。

Q 在不認識的人的面前就無法說話？

A 因為緊張，所以變得有點僵硬。

鸚鵡大多在不熟悉的人的面前，通常會因為緊張而變得無法說話，不過有些是漸漸習慣後便會開口說話。相反地，就像有些人一緊張就會自言自語一樣，有些鸚鵡會因為太過不安反而變得喋喋不休。

Q 日文的「pa、pi、pu、pe、po」比較容易記得？

A 鸚鵡容易記得爆破音。

「pa、pi、pu、pe、po」是從爆破音開始發的音，因此鸚鵡容易記得。其他像是「ka、ki、ku、ke、ko」也容易記住。不過，日文的Ha行、Sa行、Ra行等對鸚鵡來說比較困難。一開始就從容易記得的發音開始吧。

常見的問題行為&處理方法

設身處地了解鸚鵡的心情並思考其原因

鸚鵡之所以會做出問題行為，一定有其原因。試著回想問題行為發生時，可能就會明白為什麼。舉例來說，可能是因為寂寞、無聊、讓牠害怕的體驗、房間的樣子改變等急遽地環境變化，這些都會造成鸚鵡的壓力。思考原因之後，就要從想到的點開始下手解決。關於問題行為，從一開始就努力不讓鸚鵡做出，才是最重要的。對於已經發生的問題行為，想要讓牠停止則需要耐心解決。

1 啃咬

避免引起鸚鵡啃咬習慣的處理方式

鸚鵡有時候會突然咬飼主，可能是心情不好或感到不滿等，有各式各樣的原因。不管怎麼樣，面對鸚鵡的啃咬，根據飼主的應對方式，有可能會讓鸚鵡不斷重複相同的行為形成習慣，因此飼主要特別注意。

原因

☐ **希望得到注目**

主要是想要獲得飼主的關注。對於在成長期沒有受到關注的鸚鵡，特別容易產生啃咬的傾向。

☐ **心情亢奮**

可能是鸚鵡進入了發情模式，太過興奮或焦慮而容易亂咬飼主。

☐ **叛逆期**

在鸚鵡的成長期間會迎來2次的的叛逆期（p.61～63）。在這段時期，即便平時乖巧的鸚鵡也可能會啃咬。

☐ **過度關注**

明明鸚鵡表現出討厭的樣子，飼主還硬是要撫摸，此時鸚鵡會藉由啃咬來表達自己強烈的抵抗。

☐ **強烈的地盤意識**

地盤意識過剩的鸚鵡，對於進入自己領域的東西會視為攻擊的現象（參考左頁內文）。

☐ **受傷和生病**

有些鸚鵡可能出現疼痛等，因為受傷或生病而變得焦慮，進而出現攻擊的現象。

地盤意識太強的話可能會引起問題行為

鸚鵡有將自己喜歡的場所和夥伴當作「自己的領域」的習性。因此，當鸚鵡出現啃咬、鳴叫等問題行為時，大多是因為對於地盤意識過於強烈之故。當有入侵者踏入領域時，就會攻擊對方或是以鳴叫聲把對方趕走。

鸚鵡對於地盤的執著，在發情時會特別顯著。因此，為了不讓鸚鵡發情過剩，除了善加管理（參考p.90～91）之外，也要讓鸚鵡對於地盤的執著不過於強烈，此時防止問題行為的處理方法就會變成重要的關鍵。

處理方法

重點是：即便覺得痛，也不要有反應

當飼主因為被咬而發出「好痛！」的聲音時，鸚鵡可能會誤認為飼主很高興而不斷重複動作。飼主被咬時不要慌張，將被咬的手指用力壓住鸚鵡的嘴巴，然後再呼地對牠吹氣，鸚鵡就會鬆開嘴。接著，讓鸚鵡立刻回到鳥籠中，暫時不要理牠。透過人類忽視的表情，鸚鵡也會學習到「咬人的話就會變得很無聊」這件事，就漸漸不會做出相同的行為。再者，請飼主不要讓鸚鵡把啃咬人的手指當作遊戲，因為牠們會將手指誤認為是玩具，可能就不容易矯正啃咬的習慣。此外，若是讓鸚鵡有「啃咬→讓飼主生氣」的負面印象時，鸚鵡可能會變得不安，反而讓問題行為更加惡化。所以，重點是飼主不要做出會讓鸚鵡啃咬的行為，避免讓鸚鵡咬到產生問題行為。

除此之外，當啃咬的原因來自於發情的話，發情的管理（參考p.90～91）就顯得格外重要。另外，若是不清楚鸚鵡啃咬的理由，有可能是因為受傷或生病而讓牠變得焦慮不安，此時請盡早帶鸚鵡前往專門的醫院就診。

2 鳴叫

首要任務是不要讓鸚鵡習慣用鳴叫聲呼喚飼主

鸚鵡的鳴叫聲和原因形形色色，其中最常見的就是鸚鵡呼喚飼主時的鳴叫聲。小型鸚鵡的鳴叫聲可能還好，但是中大型鸚鵡的聲音太大，有可能吵到鄰居而引起糾紛。

除此之外，有許多原因造成鸚鵡鳴叫。一開始可能不太能分辨鸚鵡鳴叫的不同，不過一起生活後，應該就能漸漸了解其中差異。

原因

☐ 呼喚鳴叫

雖說統一稱作呼喚鳴叫，其實理由五花八門。像是看不到飼主或家人的身影而覺得不安或寂寞、想要吸引飼主的注意力、肚子餓了、時間太多覺得無聊等，都有可能造成鸚鵡鳴叫。

☐ 處於興奮狀態

當鸚鵡在發情時期，可能因興奮而開始鳴叫。另外，發情期時也會因焦慮不安而鳴叫。

☐ 感覺到危險

當鸚鵡看到玻璃窗外附近的貓、狗等肉食性動物靠近時，或是身邊的人行為太過粗暴，感覺會危及性命時，為了想讓飼主察覺到危險和恐怖、告知飼主異常狀況發生時，牠們就會開始激動地鳴叫。

☐ 感覺到疼痛

無論是在鳥籠或放風時，當鸚鵡的腳因被夾到而無法動彈，或是因為受傷而感到疼痛時，牠們就會以鳴叫聲告知飼主。這時的叫聲會和平常不太一樣，應該會感覺到有點奇怪。

☐ 正在練習說話

雖然音量不是很大，但是為了練習說話，鸚鵡也會發出類似鳴叫的聲音。

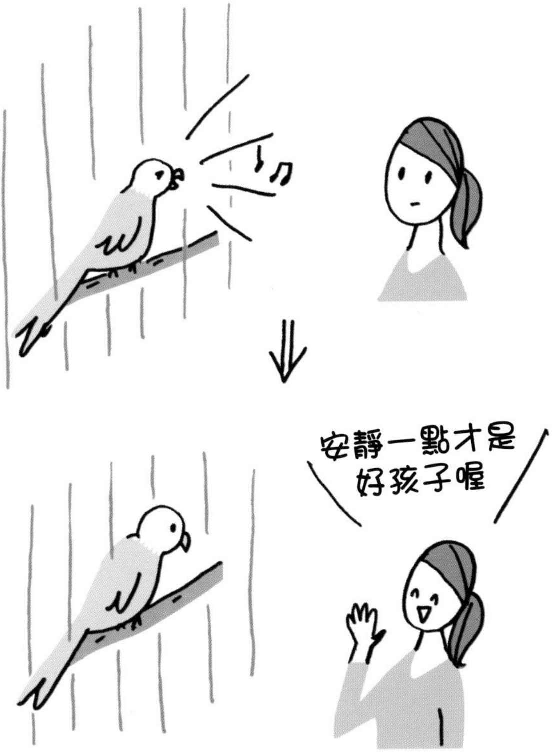

呼喚鳴叫的處理方法

1 請先忽視！

大多鸚鵡會鳴叫都是出於撒嬌。若是在牠們鳴叫時，飼主的反應是將「好吵！」或是「安靜一點！」等話語脫口而出，鸚鵡可能會以為自己引起飼主的關心，以為飼主在跟牠玩耍。此外，若是在鸚鵡呼喚鳴叫時，飼主就立刻到牠身邊的話，牠們就會認為「只要鳴叫就會有人來」，反而會讓鸚鵡不斷地大聲鳴叫。當飼主知道鸚鵡在鳴叫時，飼主不用每次都做出反應，也不要立刻就到牠身邊，而是採取忽視的態度才是第一鐵則。

2 若鸚鵡變安靜就誇獎牠

當鸚鵡停止鳴叫、變得安靜時，飼主就可以對牠說「安靜下來了，好棒」等話語來誇獎牠，或是可以給牠點心當作獎勵。這樣鸚鵡就能學習到「只要一安靜下來，就有好事」。

此外，有時候鸚鵡會因為想表達無聊而鳴叫。若是遇到這樣的狀況，飼主可以陪牠一起玩耍，或是給牠喜愛的玩具玩個夠，抑或是讓牠離開鳥籠。如果時間充足，也可以進行覓食學習（p.112～117）讓牠不會感到無聊。

其他鳴叫的處理方法

根據各種原因來做處理

當鸚鵡因發情而感到興奮的話，為了等牠冷靜下來，可以透過覓食學習（p.112～117）讓牠分散注意力，進行發情管理（p.90～91）。

當鸚鵡感到危險時，飼主可以對牠說「沒事的」讓牠平靜下來，並讓牠遠離或不要看到會感到害怕的對象；當牠在練習說話而嘰嘰喳喳時，請不要覺得吵鬧，盡量待在牠的身邊。若是遇到不知為何鳴叫時，在確認是否生病或受傷的同時，最好前往專門醫院就診會比較安心。

3 啄羽

拔自己羽毛的行為

當鸚鵡拔自己的的羽毛時，我們稱作「啄羽」。造成這個現象主要是出自於壓力，其他也有可能是因為生病、寄生蟲、營養障礙、衛生問題等的影響。

處理方法

針對壓力來源進行改善

首先，請前往鳥類專門醫院就診，確認是否有健康方面的問題，另外也要考量到精神方面。可以先試著追溯何時開始啄羽，並加以分析造成壓力的原因。若原因可能是因為環境的轉換，那麼就將環境盡量恢復成原本的樣子；若是因為覺得無聊，可以給鸚鵡需要動腦的玩具，或是可以邊咬邊撕的玩具；若是感覺關愛不夠的話，那麼就請飼主多花時間溫柔地喊牠的名字、並陪牠玩耍吧。

4 對手感到害怕

曾經有不好回憶的心理創傷

若是曾經被強迫抓住、或是有痛苦的回憶等，對於人類的手有類似這樣的經驗時，就有可能造成鸚鵡的心理創傷，導致牠們不願意讓人用手碰觸。

處理方法

利用點心讓牠們恢復對飼主的信心

鸚鵡若是曾經被強迫停在手上，或是莫名其妙被嚇到，此時飼主最好先不要輕舉妄動。為了要讓牠們找回對飼主的信賴感，此時可以使用點心。一開始先用手指抓著點心慢慢靠近鸚鵡，起初可能無法靠近，不過飼主要耐著性子、不斷嘗試慢慢接近。等到鸚鵡稍微開始啄點心時，就讚美牠並對牠說「乖孩子」讓牠感到安心。請飼主多花點時間、好好練習吧。

5 討厭鳥籠

因為知道外面的快樂，所以不想回去

有時候鸚鵡放風時離開鳥籠，知道在外面有多快樂以後，就會變得不想回去。不過若是強迫抓住鸚鵡放回鳥籠，可能會讓牠們害怕人類的手。

處理方法

教導牠回到鳥籠的優點

即使是覺得回到鳥籠很無聊的鸚鵡，要是肚子餓，鳥籠裡放有飼料的話就會回到鳥籠。因此，請飼主不要在鳥籠外餵食讓牠們填飽肚子。要讓鸚鵡回到鳥籠的時候，也可以用點心來誘導牠們；或是回到籠子時給予讚美、獎勵也不失為一個好方法。重點就在於，讓鸚鵡覺得回到鳥籠會有好事發生。此外，也推薦在鳥籠內放玩具，將鳥籠打造成讓鸚鵡開心的場所。

6 變得慌張

被大的聲響和突發事故嚇到

若是突然發出大的聲響等，可能會讓鸚鵡遭受到驚嚇。特別是天性敏感的雞尾鸚鵡，可能會因為受驚而引起恐慌，在鳥籠裡變得焦躁不安、慌張失措等等。

處理方法

溫和的處理讓鸚鵡感到安心

當鸚鵡變得慌張、不知所措時，不要一下子就跑到鳥籠旁，而是要慢慢靠近。另外，若是在較暗的房間內，也不要慌慌張張就將電燈打開，這樣有可能會嚇到鸚鵡，反而變得更難以收拾。因此，一開始飼主可以先溫柔地出聲說「不要擔心喔，放輕鬆」，鸚鵡看到飼主溫和的表情，也會回復到平穩的狀態。等到鸚鵡冷靜下來，再來確認牠有沒有受傷。

7 對飼主變得具攻擊性

鸚鵡覺得飼主討厭，或是當牠覺得自己的地位高於飼主的時候，可能就會出現攻擊飼主的行為。

處理方法

將鸚鵡放在比人的視線還低的位置

當鸚鵡想表達「不要再做討厭的事了」的時候，只要停止會讓鸚鵡討厭的行為，就不會再繼續攻擊飼主。不過，當鸚鵡以為自己的地位比飼主高時，就得實施將鳥籠及玩耍場所，放在比人的視線還低的位置（參考左頁「想要待在高處」）等措施。

8 攻擊家人

當鸚鵡只親近家中特定的人，可能就會將其他家人當作敵人，進而出現攻擊的行為。

處理方法

讓飼主以外的人照顧

把鸚鵡的照料平均分擔給其他家人。原本鸚鵡可能帶有敵意的人，藉由餵食，就能讓敵意逐漸變少。此外，鸚鵡對於視線比自己還低的人，可能會因為出於優越感而變得容易攻擊對方（參考左頁「想要待在高處」）。特別是家中的小孩，當鸚鵡在玩耍時一定要特別注意位置。

9 討厭人類

基本上，鸚鵡對於已經習慣的人以外都會特別警戒。另外，也會記得曾經強迫牠做不喜歡的事的人，對於這樣的人會長期保持警戒。

處理方法

在鸚鵡習慣以前，請靜靜看著就好

被鸚鵡抱持著警戒心的人，請靜靜等待，先不要靠近牠或向牠說話。先讓鸚鵡看到飼主與那個人說話，牠們應該就會慢慢習慣了。接著再等鸚鵡逐步接近、輕聲細語和牠說話，或是給予飼料。

10 不分地點排泄

鳥的身體為了不讓糞便囤積在體內，因此無可避免在放風時會四處排泄。

處理方法

試著教導牠們廁所的觀念

一開始先仔細觀察鸚鵡的樣子，等到掌握鸚鵡排泄時的樣子和間隔時，就可以在「差不多」的時候誘導牠們到廁所（特定的場所）排泄。若是表現好的話，就讚美牠並多做練習，之後牠們就不會在特定場所以外的地方排泄。不過，很多時候都無法那麼順利，此時就必須要有因應室內排泄的對策。

11 想要待在高處

鸚鵡出於為了要躲避天敵、保護自己的野生習性，牠們會想要待在較高的地方。此外，待在較高的地方也會讓牠們有優越感。

處理方法

當鸚鵡到高處時，立刻讓牠們下來

當鸚鵡想要停下來時，盡量讓牠們待在比人的視線還低的位置。放風時，若是牠們停在高處的話，即便有點麻煩還是要讓牠們下來。若養成時常停在高處的習慣，牠們就會誤以為自己的地位比人還高，進而出現叛逆或攻擊的行為。

12 將飼料弄翻

當鸚鵡出現只想要吃自己喜歡的食物，不喜歡的就生氣丟掉的行為，可能是出於發情造成焦慮不安、或是想要玩耍等。

處理方法

試著改變放飼料的容器與給予方式

若鸚鵡將飼料打翻，飼主立刻產生反應的話，牠們會誤以為飼主關心自己而覺得開心，於是就不斷重複相同的行為。此時，飼主可以將飼料放入不至於打翻的分量，或是改成少量多次的給予方式。發情時，也可以試試覓食學習（p.112～117）。

試著和鸚鵡一起開心玩耍！

玩耍的時候，也要與鸚鵡快樂相處

鸚鵡的個性相當活潑，也很喜歡玩耍。若是想與人玩耍時，鸚鵡就會跑到鳥籠的出入口踩踏等，表達自己想玩的意願。此時若可以的話，請飼主一定要和牠多多玩樂。不過，飼主千萬不要想說可以一邊看書或看電視，一邊和牠玩耍。因為鸚鵡會感受到飼主隨便的態度，之後就漸漸不想跟人玩耍了。因此，當飼主在與鸚鵡相處時，請一定要認真陪伴。此外，也可以在玩樂時多下功夫，一起度過快樂的玩樂時光。

一起開心玩樂的方法

以下為可以同時讓鸚鵡和飼主都開心的玩樂方式。

瞪眼遊戲

當鸚鵡一直朝著我們看時，我們也可以不動、一直盯著鸚鵡像是在跟牠玩一樣。只要鸚鵡動了，就對牠們說「啊～你輸了」，這樣牠們就會慢慢記住規則。

吹口哨

當飼主配合鸚鵡的鳴叫聲吹口哨，鸚鵡也會對於配合自己的飼主，產生更多的信賴。此外，像是雞尾鸚鵡這種擅長吹口哨的鸚鵡，因為會記得人類吹口哨的旋律，也可以與飼主快樂合唱。

鑽隧道

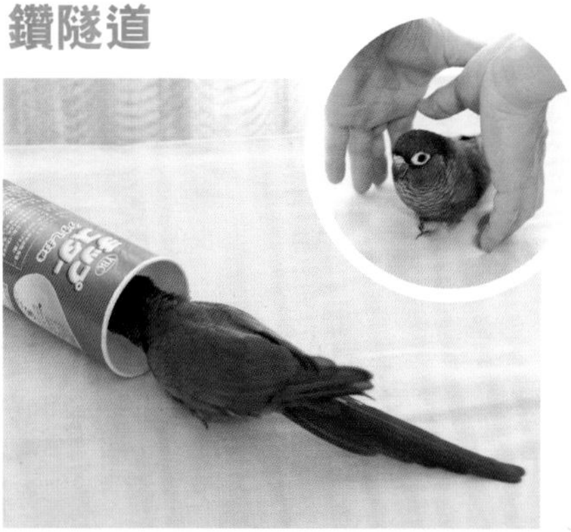

可以用厚紙板做出隧道，並讓鸚鵡看到隧道另一頭的點心，當鸚鵡的頭鑽進隧道內就立刻讚美牠。當鸚鵡順利鑽出隧道的話，就給牠獎勵並好好讚美牠。另外，也可以將手搭起來當作隧道與鸚鵡玩耍。

用寶特瓶的蓋子玩尪仔標

有些鸚鵡比起市售的玩具，更喜歡寶特瓶的蓋子。牠們通常會用鳥喙或腳來玩耍。當鸚鵡將蓋子翻面時，飼主可以大力讚美並對牠說「好厲害喔！」，這樣鸚鵡就可以理解為這是一種遊戲。

轉圈圈

讓鸚鵡看到握有點心的手指，邊說轉圈，邊將手指在鸚鵡頭上轉90度，如果鸚鵡照著手指轉圈，就給牠獎勵。然後在90度的位置將手指再轉一圈，如果牠轉圈的話也一樣再獎勵牠。習慣之後，就只用手指讓鸚鵡旋轉，看看轉右邊還是轉左邊的反應較好。

你追我跑

要靠近在地板上的鸚鵡時，可以小碎步「噠噠噠」地前進，鸚鵡對於這樣的動作很感興趣，便會開始追逐。這時候就可以和鸚鵡玩你追我跑的遊戲，不過此遊戲很耗鸚鵡的體力，請在短時間內結束。此外，也要將地板上危險的東西收拾好以確保安全。

對飼主的手感到安心就能玩樂的方法

也有會怕手的鸚鵡，可以先讓牠習慣手指再跟牠玩。

掰掰

藉由握手的要領讓鸚鵡伸出腳，做出像是跟人掰掰的樣子。當飼主的手指彎曲的話，便收緊鸚鵡的腳趾；手指伸直時，就讓鸚鵡的腳趾張開。配合人的手指讓鸚鵡記住腳趾開合的動作，如果牠做得很好，就好好讚美並獎勵牠。

握手

當飼主伸出手指要讓鸚鵡上來的時候，趁牠伸出腳時，邊說「握手」邊輕輕捏一下鸚鵡的腳。如果做得很好，就給牠獎勵。習慣之後，再對牠說「握手、握手」，然後上下輕輕擺動牠的腳。

空中盪鞦韆

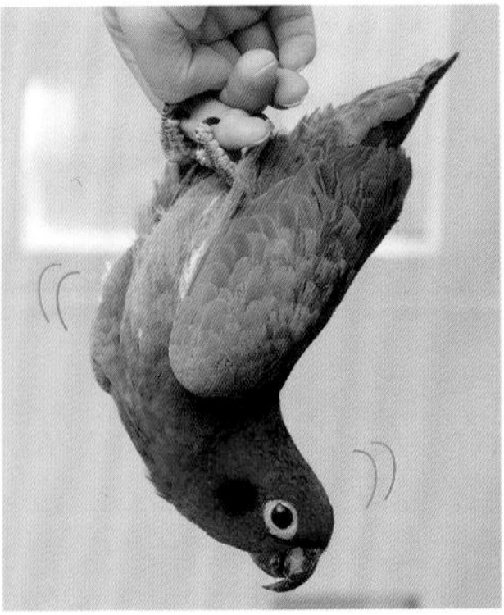

鸚鵡非常喜歡像盪鞦韆般搖晃。讓鸚鵡抓住手指後，就這樣緩慢地前後左右搖晃。習慣之後，就可以試著顛倒過來緩慢搖晃，鸚鵡一定會很開心。

爬樓梯

讓鸚鵡停在手指上，將左右手指交互上疊，讓鸚鵡爬上去，也可以出聲「上來、上來」。雖然是一項可以當成訓練的遊戲，但如果太過要求鸚鵡可能會感到反感，大概玩5次左右，就差不多可以結束。

用毛巾玩「看不見看不見」

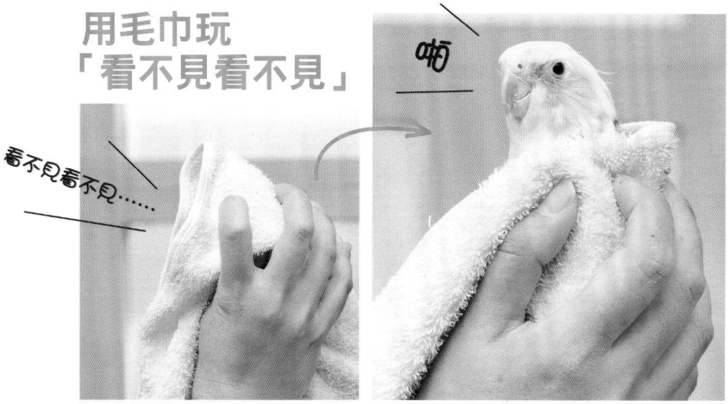

用毛巾蓋著鸚鵡的臉，說「看不見看不見……」，再將毛巾拿開「啪！」地跟鸚鵡玩耍。遊戲時因為會用毛巾蓋住頭部、或是包住身體，習慣了之後，當遇到生病或受傷等不得不用布包住鸚鵡時，也有降低抵抗的效果。

在手裡呈仰躺姿勢

❶ 若手靠近也沒關係時，就用手指輕輕摸牠的身體。如果鸚鵡不覺得討厭，就給牠一點獎勵，然後再慢慢增加摸的手指。

❷ 用手將全身輕輕包住，然後給牠獎勵，大概維持幾秒後再拿開。如果鸚鵡感到討厭，就回到前一個步驟。

❸ 手包住後，稍微往上提，然後給予獎勵。往上拿時稍微停留一些時間，然後增加獎勵的點心。

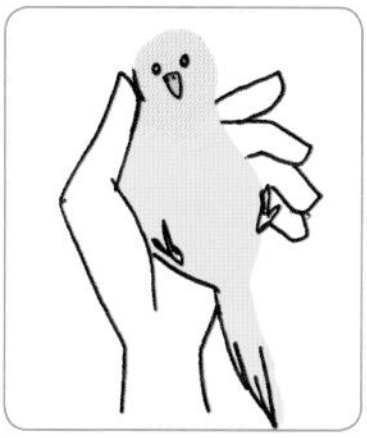

❹ 在用手包著的狀態下，將手轉一圈，讓鸚鵡的肚子向上。給了獎勵之後，再回到原本的樣子，然後讓肚子向上的時間稍微延長一些。

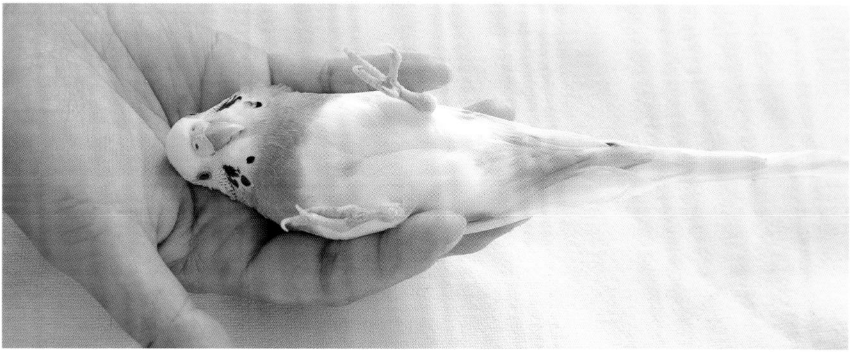

進階版的玩樂方式

接下來為進階版的玩樂方式，請飼主耐著性子並開心地來訓練鸚鵡吧。

你丟我撿

讓鸚鵡用鳥喙叼著東西，從與人有段距離的地方飛回來的遊戲。呼喊鸚鵡的人可以讓鸚鵡看到獎勵並對牠說「過來」。如果牠飛回到呼喊的人身邊，就給予獎勵。

步驟 1

將想要讓鸚鵡叼走的物品散落在桌面上。

步驟 2

當鸚鵡拿起一個物品後，就立刻對牠說「過來」並伸出手。

步驟 3

若是鸚鵡順利將物品放在手上，就邊讚美牠邊給予獎勵。

套圈圈

你丟我撿的應用篇，這是利用鳥喙咬住圈圈，再套入棒子的遊戲。請依照下面的步驟 1 到 3，逐步達成，如果鸚鵡做得不錯，就給牠獎勵。

步驟 1 先練習用鳥喙叼起圈圈，完成的話就獎勵牠。

步驟 2 接著，把棒子移到叼著圈圈的鸚鵡面前，幫牠套過圈圈。

步驟 3 將棒子移近鸚鵡，讓牠自己將圈圈套進棒子裡。

整理收拾

這也是你丟我撿的應用篇，可以讓鸚鵡將玩具放回盒子裡的遊戲。就像套圈圈一樣，需要逐步練習。如果鸚鵡表現不錯，就給牠獎勵。

步驟1 先練習用鳥喙叼著玩具。

步驟2 把盒子拿到叼著玩具的鸚鵡鳥喙下方，讓鸚鵡將玩具放入。

步驟3 將盒子靠近鸚鵡，讓牠自己將物品放入盒子內。

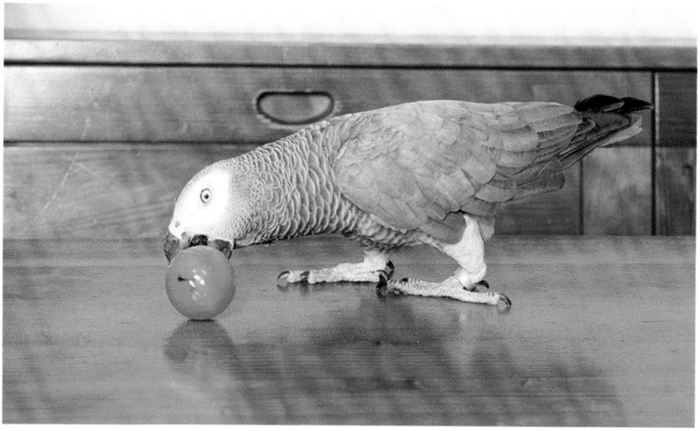

足球

轉動玩具小球，讓鸚鵡追著球跑。當鸚鵡把球轉回來時，再將球往鸚鵡的方向丟。可以一邊說著「傳球、傳球」或「射門！」一邊玩耍。

拔河

使用小繩子或免洗筷等細長物品，輕輕拉著另一端試著與鸚鵡玩拔河的遊戲。鸚鵡也會拉著另一端不放，這時可以一邊說著「嘿呦嘿呦」，一邊小力壓著或拉著另一端。不過，若是飼主太過堅持，鸚鵡可能也會中途放棄。

COLUMN

找找看鸚鵡喜歡的玩具吧！

鸚鵡很擅長玩耍，即便身邊沒有人可以一起玩，牠們也能夠自得其樂。因此，請先將鸚鵡喜愛的玩具放入鳥籠吧。若是多放一些形狀不一的玩具讓鸚鵡玩耍的話，鸚鵡也能夠學習到更多的事物。

給鸚鵡的玩具，應該根據鸚鵡的習性和體形大小來挑選最適合的類型。當有新的玩具放入鳥籠時，也要多多觀察。不過突然給鸚鵡新的玩具可能會嚇到牠，因此，先在鳥籠外讓牠看看新的玩具，等到牠感興趣時，就將玩具放入鳥籠內。

垂吊玩耍的類型

像這種垂吊下來、能自由玩耍的玩具可以提高鸚鵡的運動能力，也能消除壓力。

發出聲音的類型

只要搖晃就會發出聲響的玩具，可以讓鸚鵡享受聲音的刺激。

邊啃咬邊破壞的類型

鸚鵡很喜歡啃咬，因此可以給鸚鵡像是用紙、植物纖維等做成的玩具，讓鸚鵡能用鳥喙將它咬到解體。

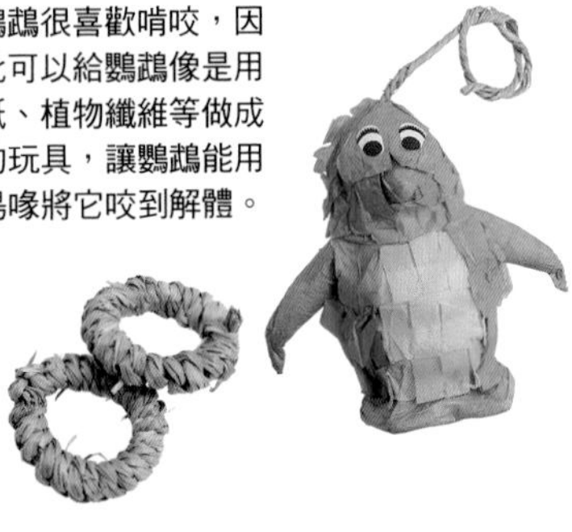

需要動腦的類型

一邊轉動，一邊解開連環套，像這種需要動腦的遊戲可以讓鸚鵡消除壓力。

玩具皆為「こんばまる」（p.12）的商品。

8章

鸚鵡的疾病&健康管理

檢查鸚鵡是否健康的要點

當感覺到與平常不一樣時，就立刻帶鸚鵡前往醫院

野生的鳥類如果身體變差，被肉食動物知道的話就會有成為攻擊目標的危險，因此牠們習慣隱藏自己的弱點。即使是人類飼養的鸚鵡，也會像這樣隱藏自己的不舒服，假裝健康的樣子。飼主必須從日常的照料中仔細觀察，若鸚鵡出現「不吃飼料」、「和平常不太一樣」、「一直在睡覺」的狀況時，就要特別注意。

遇到與平常不太一樣的狀況或身體看起來不太對勁時，就立刻前往就醫。若明顯能感覺到鸚鵡異狀的話，很有可能就代表身體狀況已經惡化了。

Check POINT

臉部周圍

眼
- □ 眼睛是否泛紅
- □ 眼睛周圍是否腫脹

鼻
- □ 鼻孔的周圍是否有髒污

嘴巴・鳥喙
- □ 嘴巴周圍是否有髒污
- □ 口中是否有黏液
- □ 鳥喙是否有變長

耳
- □ 耳孔周圍是否有髒污

全身狀態 Check！

排泄

- □ 糞便是否水水的
- □ 糞便的顏色是否和平常不太一樣
- □ 糞便尿酸部分（白色）為黃色還是綠色

鸚鵡會同時排放糞便及尿液。雖然根據所食飼料顏色可能會有點不同，不過一般情形應該是糞便呈現深綠色，尿液則是固態狀的白色。

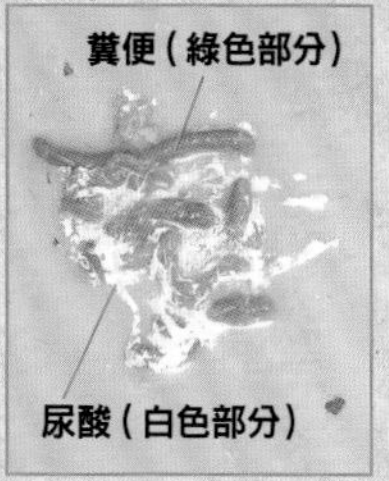

此為中型鸚鵡食用天然系列滋養丸所排泄的糞便。

其他

- □ 是否有嘔吐
- □ 是否有打噴嚏或咳嗽
- □ 是否有張嘴呼吸
- □ 是否蹲坐在鳥籠的底部
- □ 變得比平常還少唱歌或說話

Check POINT

身體

全身・腹部

- □ 身體是否呈現圓潤狀態（疑似肥胖）
- □ 腹部是否有隆起或凸出

爪子

- □ 爪子是否有變長
- □ 爪子的下面是否出血（爪子看起來會黑黑的）

羽毛

- □ 羽毛是否有減少或掉落
- □ 羽毛的顏色和原本不太一樣
- □ 羽毛是否常常呈現蓬鬆狀態

挑選動物醫院&就診的要點

找鳥類專門的獸醫師，較能做正確的診斷

關於鸚鵡生病的診斷和治療，需要專業的知識來判斷，因此請挑選擁有鳥類相關知識的醫院。在可以到達的範圍內，透過親友推薦或在網路上尋找等，首先先接受健康檢查看看吧。然後，再與醫生討論鸚鵡的照顧方式以及溝通方式等，來分辨獸醫師是否值得信賴。

因為鸚鵡有隱藏疾病的習性，為了生病時能盡快解決，健康檢查的理想時間為半年到1年。

為了鸚鵡 挑選醫院的重點

- □ 獸醫師是否具備鳥類相關的專業知識
- □ 對於必要的檢查與治療是否能詳細說明
- □ 仔細詢問獸醫師和醫院人員的狀況，提問時是否都能夠明確回答
- □ 除了會告知疾病相關的事宜之外，對於飼育環境和飼料等也能夠給予指導
- □ 是否有仔細檢查鸚鵡的全身

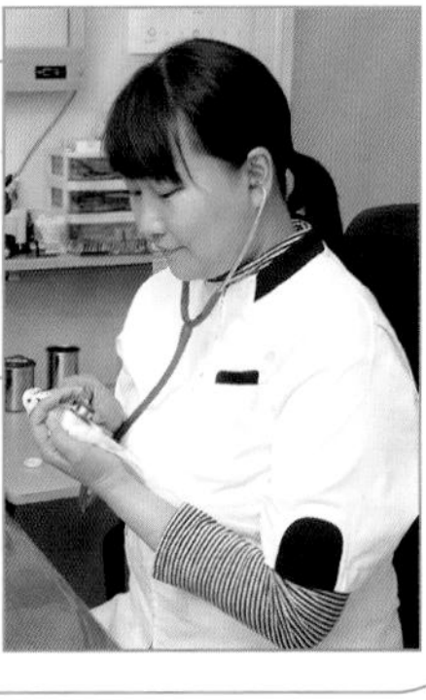

為了鸚鵡 就診的重點

帶去會更好的東西

- □ 糞便（為了避免變得乾燥，請用保鮮膜包起來帶去醫院）
  ＊如果沒有實物，也可以用相機照相。

前往醫院的注意要點

- □ 攜帶鸚鵡時使用的小型外出籠，
  或是大小適中可以放進去的盒子
- □ 天氣熱以外的時候需保溫
  （使用暖暖包等，保持在28～30度C左右即可，
  如果感覺太熱的話就再調整）

告知獸醫師的事宜

- □ 鸚鵡的性別和年齡
- □ 飼養年數
- □ 平常的體重
- □ 給予的飼料種類和內容
- □ 是否有食慾或是精神
- □ 排泄的狀態
- □ 具體的症狀
  （何時開始／狀況為何）
- □ 容易出現症狀的時間帶
- □ 目前為止得過的疾病及
  當時使用的藥
- □ 作息時間（起床、關燈的時間）
- □ 只飼養1隻或多隻

向獸醫師確認的事項

- □ 得病的原因
- □ 治療內容
- □ 若有用藥時，
  詢問藥品作用、使用方式
- □ 在家要注意的事項　等

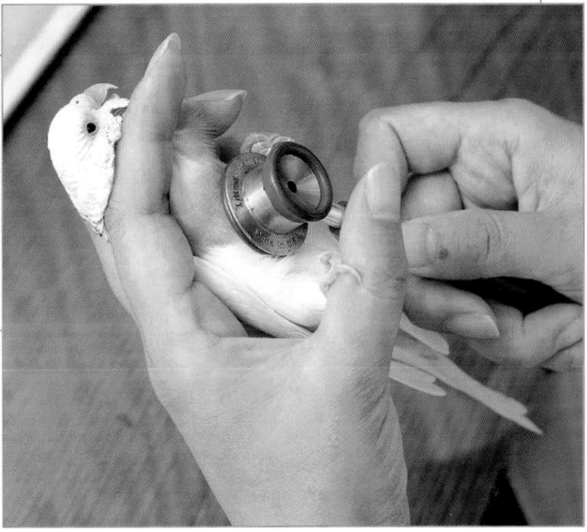

需特別留意的鸚鵡疾病

呼吸系統的疾病

鼻炎

【原因・症狀】

因細菌感染或吸入異物時所引起，會出現打噴嚏、造成鼻孔及蠟膜變紅。若是嚴重的話，打噴嚏時會伴隨鼻水一起流出，可能會弄髒鼻孔和蠟膜。轉為慢性病時，會流出如膿般的鼻液，進而引起鼻塞，導致呼吸有聲音，且會看到鸚鵡張嘴呼吸的模樣。

【對策・治療】

若是因細菌引起，需要施用適當的抗生素。為了不讓鸚鵡的抵抗力降低，必須確實做好保溫措施，並給予更好的飼料以維持營養均衡，這樣才能增加抵抗力。

副鼻腔炎

【原因・症狀】

副鼻腔因發炎而引起的症狀。雖然主要是因為細菌感染所致，不過大致上來說是由於鼻炎引起的症狀。此外，當患有副鼻腔炎時，細菌會從鳥喙蔓延至臉部，導致發炎，大多會轉變成不易治療的慢性病蓄膿症。當鸚鵡的副鼻腔內有異樣時，飼主會看到鸚鵡搖晃臉部並摩擦鳥籠等模樣。若是變成膿的話，會出現口臭和嘔吐的現象。

【對策・治療】

與鼻炎相同需要施用適當的抗生素。不過副鼻腔炎難以痊癒，因此時常要清洗鼻腔。再者，若病情惡化的話，必須將膿包切除將膿擠出。

下呼吸道疾病

【原因・症狀】

從喉嚨到肺部空氣流經處就稱做下呼吸道。若是這裡被細菌或真菌等感染、或是缺乏維生素A、吸到刺激性氣味時，都可能引起發炎，也就是變成下呼吸道疾病。有時會出現聲音或呼吸聲改變、呼吸困難等的症狀。

【對策・治療】

經過檢查、並了解生病的原因之後，就施用有效的藥劑。此外，也可以使用吸入器，進行藥劑吸入的治療。此時，飼主就得提供好一點的營養均勻飼料，並努力保溫、靜靜守護鸚鵡。

披衣菌疾病

【原因・症狀】
又稱作「鸚鵡熱」，主要是因為感染一種名為披衣菌的微生物而引起的疾病，好發於雞尾鸚鵡、虎皮鸚鵡等各式各樣品種的鸚鵡。發病時會引起各種症狀，若是肝臟受到感染，鸚鵡排出的糞便會偏綠色。
【對策・治療】
治療時，除了施用能有效對抗披衣菌的抗生素之外，也必須做好保溫措施。此外，也會引起腹瀉、口腔炎等各種症狀，必須配合其他各種疾病進行治療。若是飼養多隻鸚鵡時，必須將感染的鸚鵡個別放入其他房間。再者，人類也會感染這種疾病。因此當鸚鵡得病時，照顧牠之後必須用肥皂洗手，並將鳥籠用酒精及熱水進行消毒以預防感染。

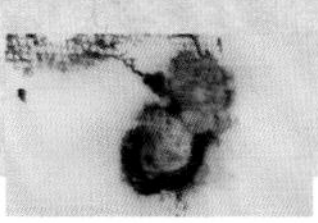
得病鸚鵡的糞便會呈現偏綠色。

消化系統的疾病

嗉囊炎

【原因・症狀】
嗉囊是負責將吞入的食物進行保溫，再用喝下去的水來推送食物的器官，因為沒有消化的機能，因此容易使細菌、真菌、病毒等在裡面繁殖。此疾病以雛鳥最為常見，因食滯或抵抗力低下等原因，使嗉囊發炎而得病。患病時，會出現食慾下降或嘔吐等現象。若是感到疼痛，鸚鵡也會出現伸展脖子的姿勢。
【對策・治療】
確認病因後，應依據病因施用抗生素或抗真菌劑等藥劑。此外，為了不引起食滯及免疫力低下的情形，避免食用加熱過後會含過多澱粉質及醣類的食物。給予適合的飼料外，也需用心加強保溫，打造出不會讓鸚鵡感到壓力的環境。

嗉囊中飼料囤積、凸起的狀態。

食滯

【原因・症狀】
鸚鵡會將食入的飼料，囤積在食道中的一個類似袋子的器官，也就是嗉囊，若是飼料和水長時間囤積在此，就會造成食滯。親餵幼鳥時，若是給過量、給予了不適合的食物、或在溫溼度不適合的環境飼養等，都會引起食滯；也可能因為其他消化器官疾病、食道及胃閉塞等而引起。這可能會使位在前胸部的嗉囊腫脹、變硬，造成鸚鵡食慾下降而變得衰弱。若幼鳥得病的話，也可能危及性命。
【對策・治療】
除了做好保溫措施之外，需施用可以促進消化器官蠕動的藥劑等，並將囤積在嗉囊已腐爛的飼料清除乾淨。若是飼料已經變硬，就必須做出適當的處置。因此，要仔細觸摸嗉囊，確認是否有腫脹或變硬，再配合鸚鵡的身體狀況給予飼料。

泄殖腔脫垂

【原因・症狀】

泄殖腔為連結消化器官、泌尿器官與生殖器官的袋狀管。因為並非固定不動的器官，可能會因某些原因反轉掉出，也就是所謂的泄殖腔脫垂。大多出現於母鸚鵡因難產、或產卵後引起，且多半可以看到鸚鵡的屁股有紅紅的物體。其他還有會因疼痛，導致食慾不振或羽毛呈現蓬鬆狀態，甚至也出現過因衰弱而死亡的例子。

【對策・治療】

若是沒有將掉落的泄殖腔立刻放回去的話，可能會使泄殖腔壞死，或是因尿管出口堵塞而死亡。治療時，獸醫師會使用塗了抗生素和止膿劑等的棉花棒，將掉在外面的泄殖腔壓回去。若是看到鸚鵡屁股紅紅的，應該立刻就醫。

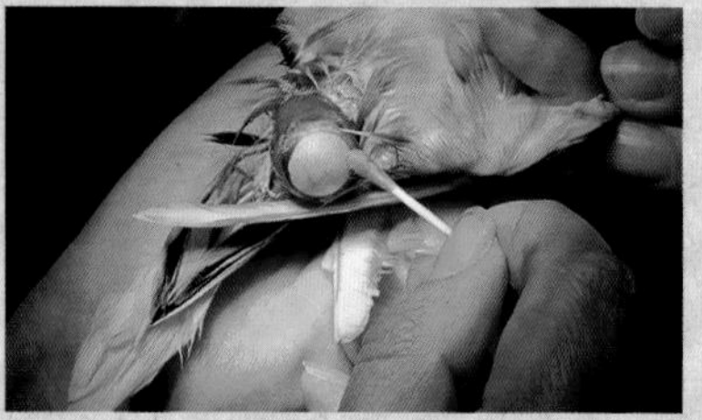

出現產卵困難時，泛紅的泄殖腔會反轉露出。

生病時的糞便

黑色糞便

因細菌、病毒、念珠菌、胃部酵母菌等的感染而引起胃炎或胃癌；像是中毒、肝功能不全等各種原因，導致胃上部消化管出血及排泄出黑色的糞便。

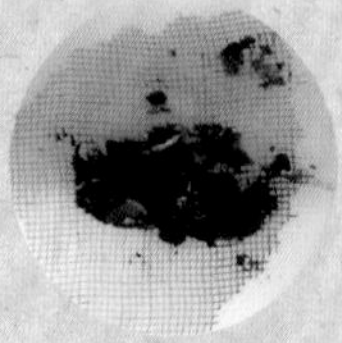

腹瀉糞便

鸚鵡的糞便原本水分很多，不過若有腹瀉症狀的話，糞便的形狀就會呈現稀爛、無法成形的狀態。腹瀉的原因大多是壓力導致。

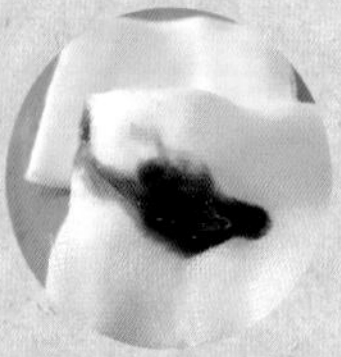

綠色糞便

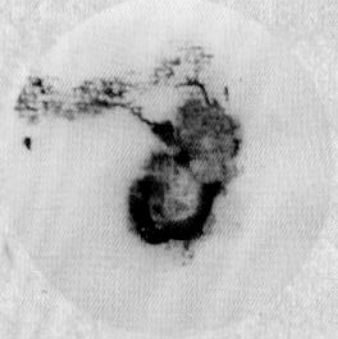

雖然鸚鵡的糞便大多是深綠色，不過若是排泄出鮮豔綠色的軟便時，多半可能是因為鉛等重金屬中毒所致。

白色糞便（消化不良）

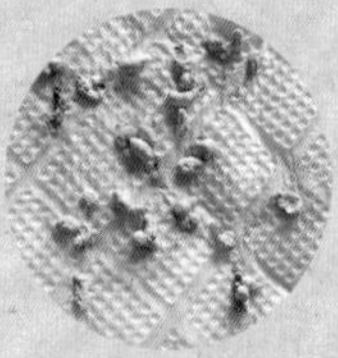

出現像是胰臟炎等，胰臟內的消化酵素分泌不足，導致澱粉消化不良，此時就會排出白色的糞便。

糞便帶有鮮血

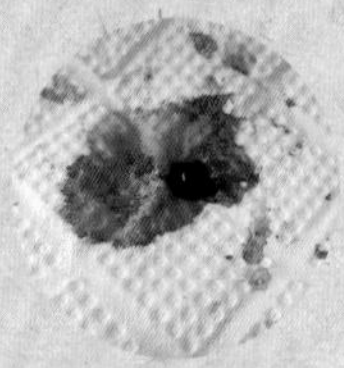

若糞便帶有鮮血，可能是因為泄殖腔出血、肛門出血、生殖器官出血、腎臟出血等。

腸炎

【原因・症狀】
當受到侵入腸內的病毒、細菌、真菌等感染，或是吃了腐爛的飼料和水、藥物、重金屬等刺激腸胃的東西，都有可能會引起腸炎。為腸粘膜發炎而導致的疾病。主要症狀為嘔吐、腹瀉等，其他還有食慾低落、羽毛蓬鬆；或是因腹痛，出現踢腹部和地面的行為等等。

【對策・治療】
根據原因與症狀，採取不同的治療方式。若疑似為腹瀉等的腸炎，應該替鸚鵡保溫並盡速就醫。治療之後，除了聽從獸醫師的指示改善環境之外，也要每天更換新鮮且衛生的飼料和水，打造出不會讓鸚鵡累積壓力的環境。

胃酵母菌病

【原因・症狀】
主要是因為感染一種名為胃部酵母菌的真菌，且大多的鸚鵡都有可能感染。感染時，症狀並不會立刻出現，可能會因壓力及免疫力低下而發作。以前又稱作AGY症或巨型細菌症，好發於虎皮鸚鵡、太平洋鸚鵡等品種。另外會出現胃炎、消化不良而導致食慾不振、精神不濟、嘔吐、因胃出血而排出黑色糞便等症狀。

【對策・治療】
使用抗真菌藥會達到效果。大多可能是雛鳥被親鳥傳染，因此在迎接鸚鵡時，最好盡早接受健康檢查。

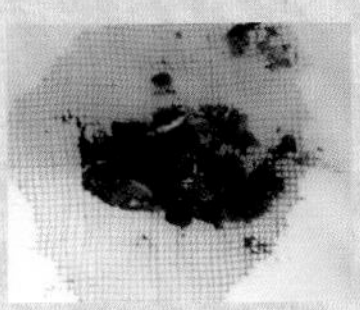

引起胃炎、胃部大量出血時，可能會排出黑色的糞便或是出現吐血的情形。
（左）黑色糞便；（右）鸚鵡吐出的血

念珠菌病

【原因・症狀】
由一種叫做念珠菌的真菌而引起的傳染病。若是吃了白飯、烏龍麵等加熱後的碳水化合物，或是因長時間施用抗生素、缺乏維生素A、免疫力低下等，會讓念珠菌於消化系統內增生導致發病。其他還會有腹瀉、嘔吐等症狀，讓鸚鵡元氣大傷。

【對策・治療】
治療時，需施用抗真菌劑。另外要避免餵食加熱的碳水化合物，給予能提供營養均衡的飼料，打造出不會造成壓力的環境。

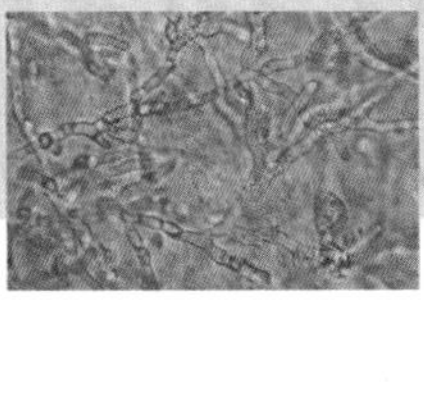

念珠菌的菌絲顯微鏡照片。

鞭毛蟲症

【原因・症狀】

由一種名為鞭毛蟲的寄生蟲所感染的疾病。通常有可能因親鳥親餵傳染，或是幼鳥因環境不衛生而感染。鞭毛蟲會在口中、食道、嗉囊寄生並增生，接著會在口、副鼻腔及眼睛等各個地方開始擴散而引起發炎。在口中增生時，鸚鵡會覺得奇怪而頻繁地擺動舌頭，或是出現打呵欠、甩甩頭的樣子；若是在副鼻腔引起，會出現打噴嚏、流鼻水，以及因結膜炎導致眼睛發紅等各種症狀。

【對策・治療】

經過檢查並查出鞭毛蟲的話，就需要使用抗原蟲劑驅除。另外，得病鸚鵡所使用的鳥籠、飼養用品等，盡量以熱水及酒精進行消毒。若是無法消毒，請將用品洗淨並確實風乾。此外，飼養多隻鸚鵡時，請將感染的鸚鵡移至其他房間進行隔離。

六鞭毛蟲症

【原因・症狀】

由一種與梨形鞭毛蟲的相似種寄生蟲，六鞭毛蟲所感染。常見於雞尾鸚鵡，只要接觸到帶有鞭毛蟲的鳥就會感染，不過幾乎不會出現明顯的症狀。

【對策・治療】

雖然可以使用抗原蟲劑，但是大多情況都無法將寄生蟲完全驅逐。因此，即便難以預防疾病的發生，重要的是，還是要將感染的鸚鵡所使用的鳥籠和飼養用品，用熱水或甲酚液進行消毒。

梨形鞭毛蟲症

【原因・症狀】

由一種名為梨形鞭毛蟲的寄生蟲所感染。將帶有梨形鞭毛蟲的飼料吃進肚，多半不會有症狀出現，但是若不幸發病的話會引起腹瀉且不易痊癒。

【對策・治療】

除了使用抗原蟲劑驅除之外，若是腹瀉嚴重，則使用止瀉藥。另外，需要將得病的鸚鵡所使用的鳥籠和飼養用品，用熱水消毒或甲酚液消毒。

泌尿系統的疾病

腎臟疾病

【原因・症狀】
因各種原因所致，為腎臟無法維持正常機能所導致的疾病及症狀的總稱。症狀不勝其數，大多為呼吸困難、腹部積水、腹部腫脹等。

【對策・治療】
根據何種病因、症狀，治療方式也會不同。可以給予營養均衡的飼料，或是整頓環境、將容易引起中毒的物品收好加以預防。

腎功能衰竭

【原因・症狀】
為腎臟機能低下的症狀。不僅會引起腎臟疾病，還有可能會出現脫水、尿路阻塞等的症狀。根據發病狀況，可以分為急性與慢性。若為急性腎功能衰竭，可能會使鸚鵡的身體極速衰弱，導致頻尿或極端少尿；若為慢性的狀況，會出現抬著腳、拖著腳走路等症狀。

【對策・治療】
根據得病原因，除了進行適當的治療之外，其中最有效的方法便是食療。因為有治療專用的滋養丸，給予這種飼料後便能幫助維持腎臟機能。

痛風

【原因・症狀】
因年齡增長、蛋白質攝取過剩、腎功能衰竭等，尿酸於體液中呈現飽和狀態（高尿酸血症）而引起強烈的疼痛。根據疼動的部位，可分成內臟型痛風和關節型痛風。內臟型痛風最常見的症狀為猝死，不過在死亡之前大多會出現腎功能衰竭等徵兆，脫水和頻尿也很常見，因此，若出現這些症狀時要立刻就醫；關節型痛風為腳部出現腫包，且因疼痛會將腳抬起，步行時會拖著腳等。

【對策・治療】
除了使用治療高尿酸血症的藥物之外，飼主也需要做好保溫措施，且為了不讓鸚鵡引起脫水，須多多補充鳥籠的水盆。此外，飼料的部分依照獸醫師的指示，也可以給予治療專用的滋養丸。

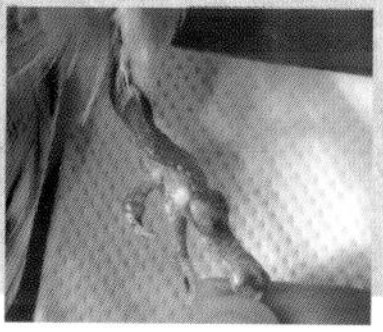

關節痛風時會長出腫包（結節）。

要注意紅色的糞便！

患有腎臟疾病的糞便。

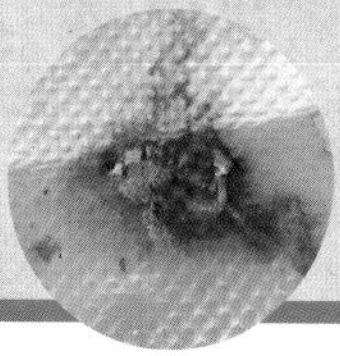

出現腎功能衰竭、腎臟疾病等的症狀，血液會溶解出色素，排泄出紅色的糞便。容易見於痛風，若惡化的話也代表腎功能衰竭的徵兆，因此請多觀察是否有紅色的糞便。

內臟的疾病

肝臟疾病

【原因・症狀】

各種疾病都其來有自，像是肝臟會引起發炎症狀（肝炎），或是肝臟機能低下（肝功能衰竭）。其中特別以鸚鵡的疾病，會出現偏黃色的尿液、羽毛顏色脫落、鳥喙、爪子變長變軟、腹部腫脹等症狀。其他還有食慾不振、嘔吐、腹瀉、體重下降等。此外，若是飲食過量，肝臟囤積脂肪會造成脂肪肝及肝功能衰竭，兩種都會引起以上所提及的症狀。

【對策・治療】

知道確切的原因後，就要施用藥劑來對症下藥。此外，也可搭配症狀進行治療。脂肪肝的話，除了搭配選擇適當的飲食、管理體重之外，也請遵守獸醫師的指示。

鸚鵡有脂肪肝的話，上方的鳥喙會變長變脆。

若引起肝功能障礙，羽毛會變成黃色，特別是雞尾鸚鵡容易有此症狀。

甲狀腺腫

因營養素之一的碘不足等原因，導致甲狀腺腫脹肥大而形成甲狀腺腫。腫脹的甲狀腺會壓迫到呼吸器官、消化器官、循環器官等，使得鸚鵡發出「咻咻」地呼吸聲，或是在進食或進食完後因噎到而嘔吐等，會引起各式各樣的症狀。

腹水

可能因心臟病、腹膜炎、腫瘤、肝功能障礙等原因患病，使腹腔（內臟所在之處）呈現積水的狀態。因為無法事前預防，若鸚鵡的腹部凸起時就要立刻就醫。

腹腔內呈現積水的狀態。

內臟腫瘤

【原因・症狀】

在不同的內臟內，像是腎臟、肝臟、卵巢、輸卵管、睪丸等產生腫瘤的總稱，其中以虎皮鸚鵡特別容易得病。腫瘤可分成良性和惡性，症狀也依照得病的部位而定。若是公鸚鵡的生殖器官有腫瘤，蠟膜會變成與母鸚鵡相同的茶褐色，同時也會引起女體化的症狀（一般公鸚鵡的蠟膜為藍色或粉紅色）。若發現腹部異常、腫脹，有可能是內臟腫瘤所致，此時請盡快就醫。

【對策・治療】

若是早期發現的話，就可以提早治療，藉由手術將患有腫瘤的部位取出，就有可能痊癒。因為腫瘤難以預防，因此要抑制發情、避免肥胖，這樣對於生殖器官、腎臟、肝臟的腫瘤或許可以達到某種程度上的預防效果。

胰臟炎

【原因・症狀】

因病毒或細菌感染而引起十二指腸炎及腹膜炎等，可能會導致胰臟發炎。另外，也可能因肥胖、脂肪肝或是金屬中毒等的原因而引發胰臟炎。胰臟內有消化酵素的胰液，是會分泌胰島素等荷爾蒙之重要器官。因此，若是轉變為胰臟炎的話，可能會引起各種症狀，像是糖尿病等疾病。

【對策・治療】

根據症狀進行治療。另外，為了避免肥胖，應該多加注意不要餵食高脂肪、高蛋白的飼料以達到預防的作用。

糖尿病

【原因・症狀】

可能因遺傳、肥胖或是腎臟、肝臟的疾病等，各種原因導致內分泌異常及血糖偏高。最常見的明顯症狀為多飲多尿、暴飲暴食卻還是很瘦等，嚴重的話可能會引起腦部受損導致神經方面的疾病，或是猝死。

【對策・治療】

無論是因何種原因，都要進行治療。若不清楚得病原因且症狀嚴重的話，就必須住院並接受控管血糖等治療。

生殖系統的疾病

產卵困難（難產）

【原因・症狀】

蛋阻塞在輸卵管時所出現的疾病。若是鸚鵡的腹部凸起、變硬超過1天以上且不是產卵時期的話，就有可能是此病症。其中以初次生產、產卵過剩的鸚鵡，特別是維生素和鈣質不足、且沒有充分曬太陽時最為常見。另外，在氣溫低、日照少的冬天最有可能發生。典型的症狀為蹲坐在鳥籠裡、食慾低落、缺乏精神、羽毛蓬鬆及呼吸變得急促等。

【對策・治療】

在注射鈣質後，有些鸚鵡便可以自行產卵。若非產卵時期，獸醫師就會壓迫腹部，若還是無法解決就得進行開腹手術。可以給予充分的維生素和鈣質，並多曬太陽以達到預防的效果。此外，發情時，需要每天測量體重，並觸摸腹部、確認有無產卵。若是確定有產卵，但超過1日以上無法順利生產的話，請立刻就診。

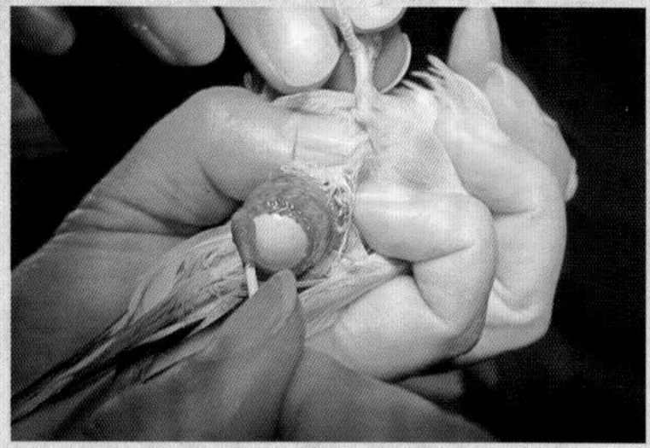

因為難產，導致泄殖腔（紅色的部分）外露而引起泄殖腔脫垂（p.174）。

輸卵管炎

【原因・症狀】

因輸卵管發炎所引起的疾病。有些會因感染細菌等病原體而引起「感染性輸卵管炎」，不過大多是因為腫瘤和產卵困難所引起的「非感染性輸卵管炎」。得病時，會出現腹部腫脹、因疼痛而啃咬或踢自己的腹部。嚴重的話，則會因食慾不振而導致身體變得衰弱。

【對策・治療】

感染性輸卵管炎可以施用消炎藥及抗生素，不過若為非感染性輸卵管炎的話，就必須進行開腹手術將輸卵管取出。為了不要因產卵過剩而引起非感染性輸卵管炎，必須重新審視飼育環境，並抑制發情以達到預防的效果。

輸卵管阻塞

【原因・症狀】

蛋黃、蛋白、殼等，這些形成蛋的成分如果分泌異常，且囤積在輸卵管就會造成此疾病。以虎皮鸚鵡最為常見，症狀有腹部凸起、食慾低落、羽毛蓬鬆、呈現迷迷糊糊的狀態，另外腹瀉和多尿也很常見。

【對策・治療】

需要進行X光檢查與超音波檢查，若是確診，就必須立刻進行治療。蛋的成分若是無法自行從輸卵管排泄出來的話，最後就得進行開腹手術，將輸卵管取出。預防方法與難產相同。

輸卵管脫垂

【原因・症狀】
通常為輸卵管收縮異常，導致輸卵管反轉脫出。多半發生在初次生產及產卵過剩的鸚鵡，因產卵困難所引起，且會反覆得的一項病症。得病時，會出現因疼痛而食慾不振、羽毛蓬鬆、沒有精神等症狀，明顯的特徵為屁股泛紅。另外，也容易與泄殖腔脫垂搞混，因此請務必就診確認。

【對策・治療】
與泄殖腔脫垂相同，若露出的輸卵管無法放回去的話，就會乾燥壞死。通常會用塗了抗生素及止膿劑等的棉花棒，將輸卵管從外面推回去，一般家裡不易做到，因此為了避免紅色的部分（露出的輸卵管）變得乾燥，先用沾了生理食鹽水的紗布包住，然後迅速前往醫院。獸醫師會以抗生素、消炎藥、抑制發情劑等來治療，不過大多的案例都是將輸卵管取出。

墜卵性腹膜炎

【原因・症狀】
從卵巢排卵的蛋通常會進入輸卵管，不過若是掉在腹腔，會使覆蓋於腹腔及腹部臟器的腹膜發炎。即便進入輸卵管，如果途中輸卵管破裂的話，也有可能會掉入腹腔內。若是腹腔內充滿蛋黃且腐爛的話，必須盡早取出。症狀有腹部腫脹、不吃飼料、沒有精神等。

【對策・治療】
最根本的治療是進行開腹手術將形成蛋的成分取出。不過，也有許多例子是因為病情惡化導致無法進行手術，因此即便治療，也很難治癒。

囊腫性卵巢疾病

【原因・症狀】
因為卵巢有囊腫（囤積液體的腫塊）而引起的疾病，也稱作「卵巢囊腫」。若不是腫瘤的話，可能是因為荷爾蒙異常所致；若有腫瘤，可能是因發情過剩。得病時，會出現腹部腫脹、食滯、嘔吐、排便困難等消化器官的症狀，另外也會出現「咳咳」的特徵性咳嗽聲，並引起呼吸困難。

【對策・治療】
若是施用抑制發情的藥劑，會讓囊腫暫時變小，不過根本解決的治療方法還是需要進行取出卵巢的手術。因為將卵巢全部取出大多不太可能，因此多為取出部分的卵巢，不過幾年後有可能會再發病。即便如此，有進行手術的鸚鵡比起沒有進行的存活率還是高出很多。

營養、代謝的疾病

佝僂病

【原因・症狀】

因缺乏鈣質、磷、維生素D_3等，導致骨頭彎曲、成長遲緩、雙腳疲軟、鳥喙上部變小且彎曲、或是變成O形腿等，其他還有容易導致骨折。在雛鳥階段，親鳥沒有給予足夠的含鈣和磷的食物，或是在飼養期間僅給予沒有添加鈣質的小米當作飼料的話，都很容易得病。

【對策・治療】

在初期發現時，即便攝取鈣質、磷、維生素D_3讓骨頭變成健康的狀態，因為骨頭已經彎曲變形，所以還是無法治癒。不過，唯有鳥喙能夠恢復正常型態。在雛鳥的階段，餵給牠營養均衡的飼料粉而非只有小米的話，應當就不會染上佝僂病。

腳氣病

【原因・症狀】

因缺乏維生素B_1而引起，為末梢性神經病變，最常見於以小米飼養的雛鳥。症狀為一開始腳會麻痺，得病期間會看到翅膀下垂、不受控地亂擺的樣子。此外，也會食慾不振、張嘴呼吸。若是放著不理會，不久之後就會發生痙攣而導致死亡。

【對策・治療】

雖然可以施用維生素B_1來治療，但是給予富含維生素B_1的飼料使其達到預防作用也是非常重要的。在飼養雛鳥時，請不要只餵食小米，而是搭配能維持營養均衡的飼料粉。

維生素A缺乏症

【原因・症狀】

若沒有餵食鸚鵡蔬菜、維他命劑或是滋養丸，就會因作為維生素A來源的β-胡蘿蔔素不足而得病。可能會在內臟的表面和皮膚產生異常，使得眼睛、呼吸器官和消化器官等出現各種症狀，而引起結膜炎、鼻淚管阻塞、呼吸器官的疾病、腸炎、腎功能衰竭及痛風等問題。

【對策・治療】

可直接施用維生素A進行治療，像是將鳥類專用的維生素A放入水中溶解讓鸚鵡喝下，或是給予滋養丸等。為了不讓維生素A缺乏，給予營養均衡的飼料就顯得相當重要。

脫腱症

【原因・症狀】

因缺乏錳等礦物質，或是遺傳、親鳥及雛鳥本身健康上的問題等，各種原因都有可能引起此種腳部方面的疾病。有可能是單腳或是兩腳，特徵是腳會不自然地打開。

【對策・治療】

早期發現的話，可以施用維生素及礦物質補充劑來矯正腳部，症狀應該會獲得改善。此外，讓鸚鵡停在棲木上，也可能自然改善。給予繁殖期間的親鳥含有充分維生素及礦物質、營養均衡的飼料就能達到預防的效果。

若是雛鳥脫腱的話，兩腳就會張開。

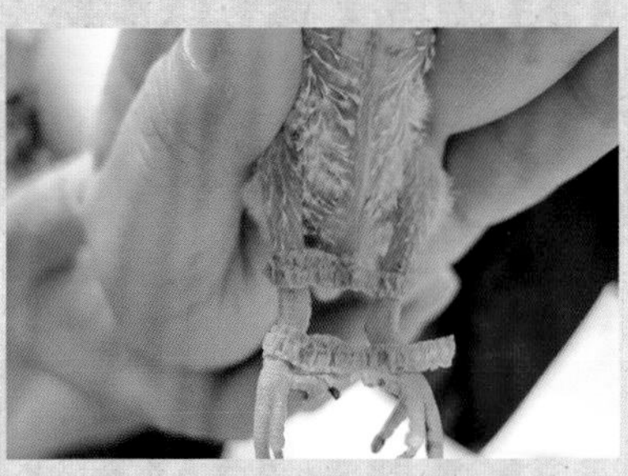

雛鳥時期的話，可以用膠布將兩腳綁在一起，一邊矯正一邊飼養，大多之後就能正常走路。

鈣質缺乏症

【原因・症狀】

若是從飼料無法攝取足夠的礦物質，且沒有充分照射陽光獲得足夠的維生素D_3，就會產卵過剩、過度發情而引起低血鈣（血液中的鈣質濃度不足所導致的症狀）。成長期的鸚鵡會有雙腳疲軟，而成鳥則會出現痙攣、雙腳麻痺等症狀。以穀類為主食的鸚鵡品種及大型鸚鵡（特別是幼鳥時期的非洲灰鸚鵡）特別容易引發此疾病。

【對策・治療】

若為慢性的話，可以在施用鈣質和維生素D_3的同時，給予營養均衡的飼料以幫助治療。若是突然引起急性低血鈣的話，可以透過餵食或是直接注射鈣質。另外，要注意母鸚鵡可能會有發情的狀況，平時就要給予富含鈣質及維生素D_3的飼料，並充分曬太陽，才是最重要的預防。

若是鈣質不足的話，殼會變軟形成軟蛋，多半會造成產卵困難。

皮膚與羽毛的疾病

自咬症

【原因・症狀】

此為鸚鵡問題行為的一種，會用鳥喙啄傷腋下、羽毛的下方以及腳等。會有此行為的原因可能是出自於生理方面，或是心理方面的壓力。若是因皮膚疾病，造成疼痛或是發癢、也可能是因腎功能衰竭等病症引起；若是因為羽毛上沾有異物，鸚鵡為了將其排除也可能會弄傷自己。受傷的地方會出血、化膿，若是過於嚴重導致出血過量，甚至可能會危及生命。

【對策・治療】

若疑似有自咬症狀時，就必須使用防舔頭套（一種套在動物脖子上，防止啃咬身體的物品）。至於受傷的地方則用抗生素、消炎藥、止癢藥等來治療。另外，每天都要仔細觀察鸚鵡，若是出現疼痛、發癢的話，請盡早就醫。還有要將鳥籠常保清潔，打造出能讓鸚鵡保持平靜的場所和環境相當重要。

喙羽症（PBFD）

【原因・症狀】

多半發生在虎皮鸚鵡及非洲灰鸚鵡。主要的症狀為羽毛變色及脫落等，另外也會引起食慾不振、嘔吐、腹瀉，或是免疫系統失靈。雖然也有可能被病毒感染，卻沒有發病的情況，但是一旦發病後就難以治療。此外，也可能因急性症狀而猝死，是一種相當危險的疾病。

【對策・治療】

遺憾的是，這種疾病目前沒有有效的治療方法。主要是使用干擾素來抑制病毒增生以提高免疫力來預防二次感染，並增強對病毒的抵抗力。根據症狀，這樣的方法能有效提高治療的效果。另外，最好的預防方式是，將感染的鸚鵡進行隔離，以防傳染給其他的鸚鵡。

得病時，會漸漸拔掉羽毛，全身的羽毛會變得稀稀疏疏的。

尾脂腺炎

【原因・症狀】

尾脂腺位在鸚鵡尾羽根部，尾脂腺會分泌皮脂，鸚鵡為了防水及保溫會將皮脂塗滿在羽毛上。若是尾脂腺感染的話，就會引起發炎變成尾脂腺炎，尾脂腺會泛紅、且異常變大。

【對策・治療】

使用抗生素和消炎藥來治療，為了防止細菌感染，做好衛生管理是最有效的方法。

趾瘤症

【原因・症狀】
主要是趾背（腳趾的背面）腫脹的疾病，其原因可能是肥胖導致體重增加太快，或是棲木的尺寸不符合鸚鵡的腳。此外，其中以維生素A不足、缺乏運動導致血液循環不佳的鸚鵡特別容易患病。起初趾背會開始泛紅，之後泛紅的範圍就會漸漸擴大。這個部分出血的話，會開始變得疼痛，導致鸚鵡的雙腳疲軟、或是出現抬起單腳的樣子。此外，患部受到細菌感染的話，腫脹也會變嚴重。

【對策・治療】
在給予抗生素和消炎藥的同時，必須將棲木拿走避免造成趾背的負擔。另外，也需要給予營養均衡的飼料。最重要的是，平時就要給予適當的飼料，設置適合鸚鵡腳部的棲木。此外，在清理鳥籠時，必須將棲木上的髒污也一起清理乾淨。

疥癬症

【原因・症狀】
主要是因為疥癬蟲寄生在皮膚、嘴巴、腳部等而引起的疾病，以虎皮鸚鵡最為常見。疥癬蟲會在皮膚等處挖一個小洞生活，被寄生的地方會逐漸變形，形成白色的痂。雖然會有發癢或是不發癢的情形，若寄生處擴及全身的話，鸚鵡就有可能因衰弱而死亡。

【對策・治療】
只要施用1次的驅蟲劑，大部分的成蟲就會死亡。接著，先等待已產下的蟲卵孵化後，間隔1～2週再施用藥劑，就能完全驅離。為了避免鸚鵡之間相互傳染，必須將感染的鸚鵡進行隔離，也必須仔細清理鳥籠、常保清潔。

皮膚腫瘤

【原因・症狀】
生於皮膚上，如疣、突起般呈硬塊的東西，統稱為腫瘤。若是為脂肪瘤或膿瘍等就是所謂的良性腫瘤；而腺瘤、腺癌、淋巴肉瘤、扁平上皮癌等就屬於惡性腫瘤。

【對策・治療】
良性的話，只要給予適當的飼料並將腫瘤取出，多半都能痊癒；惡性的話，有可能因太晚發現得病，當發病時已經來不及挽回的情況。因此重要的是及早發現、治療並將腫瘤取出。若發現鸚鵡皮膚有異常時，就要立刻就醫。

知道會更好！

緊急狀況的處理方法

※緊急處置之後，請立刻前往醫院！

出血

●從羽毛出血

羽毛斷裂時，有可能出現大量出血的狀況。若出血立刻停止就沒問題；不過，若是無法立即止血，就必須將斷裂的羽毛先拔除。飼主若是不知道該如何做安全的處理，就必須盡快前往醫院。羽毛拔掉的地方可能還會一直出血，必須先用乾淨的紗布壓著，再盡快前往醫院。

●從鳥喙和爪子出血

若僅是滲血的程度，就先仔細觀察鸚鵡的模樣。若是無法止血的話，先使用市售的止血劑（p.88）、或壓住患部，即便做過處置、血也止了，為保險起見還是要去就診。

●從皮膚出血

當鸚鵡被其他動物咬、或打架時造成出血的話，先用乾淨的紗布和脫脂棉球壓著，讓患部不繼續流血；若身邊什麼都沒有的話，就先用手指壓著也可，並請立刻前往醫院就診。即便是輕傷，也請不要用人類用的消毒藥劑，會刺激到鸚鵡。

因事故導致鳥喙受傷流血。

骨折

像是被門夾到、被人踩到等都有可能造成骨折。特別是營養欠佳、產卵過剩、不斷發情的鸚鵡的骨頭都會比較脆弱，即便只是運動或是固定（p.89）等稍微施加力量的舉動都會造成骨折。因為在家裡緊急處置較為困難，可以的話，請盡量幫鸚鵡保持安靜的環境，並立刻就醫。

誤食

放風時，鸚鵡可能會不慎誤食室內的小物品（迴紋針、首飾等），或是雛鳥將化學纖維吞入等。一般來說，鸚鵡藉由排便或嘔吐就能排出。不過，若是食用像是別針等尖尖的物品，可能會刮傷內臟，此時就要進行開腹手術將物品取出。若是誤食具危險性的物品時，請先聯絡醫院，並按照指示進行。若是有跟食入的物品相同的東西在手邊的話，請一併帶去醫院當作參考。鸚鵡放風時，請一定要做好安全措施，不要讓鸚鵡離開視線（參考p.75）。

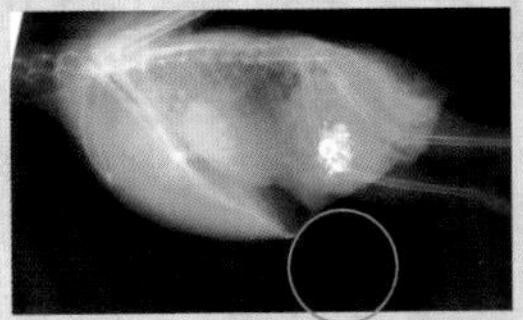

從X光照片，可以看到鸚鵡肚子裡的圓珠子。

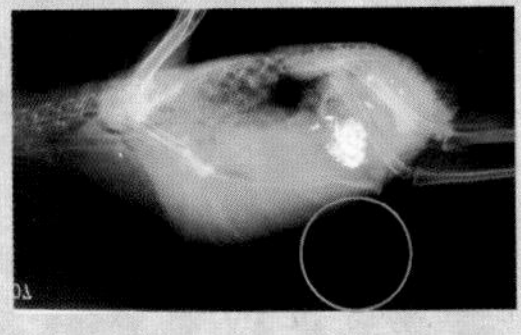

可以在肚子的周圍看到白色部分是誤食的金屬片。

燙傷

若鸚鵡飛進正在加熱的鍋子或器具而燙傷時，飼主可先輕輕固定患部，並用水沖洗或將患部泡在水裡，總之先讓患部冷卻。之後，不要用任何東西蓋著患部，且為了避免鸚鵡失溫，請一面用暖暖包幫牠保溫，一面就醫。

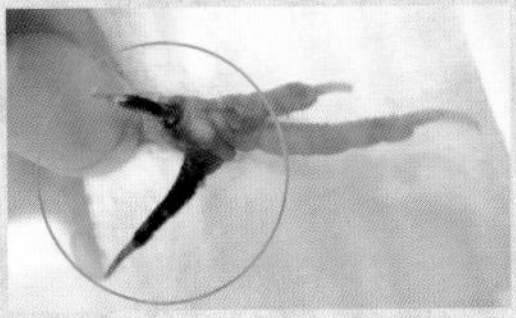

若是讓鸚鵡長時間接觸市售的保溫器具，腳部可能會因低溫燙傷而變黑。

中暑

當鸚鵡待在較熱的場所，牠會張開嘴、如氣喘般的呼吸，此時翅膀和腳也會大大展開。若飼主看到鸚鵡出現這樣的模樣時，請立刻移到室溫25度C左右的場所，並用浸溼水後擰乾的毛巾將全身包起來冷卻。將鸚鵡冷卻後，為保險起見請立刻就醫。

中毒

鸚鵡可能會因為各種東西而引起中毒，像是誤食首飾、帶子等素材為鉛、鋅、錫等重金屬。若是誤食有毒的食物或植物，或是吸入具有揮發性氣體的油漆時，鸚鵡會看起來突然失去精神，與平常的樣子不太一樣，此時請立刻前往醫院。

因鉛中毒而排出的糞便，糞便呈現鮮豔的綠色。

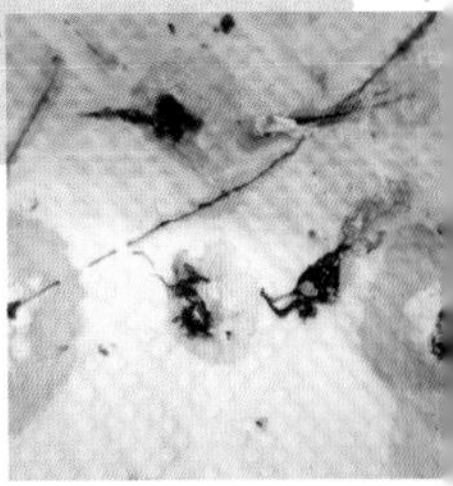

生活周遭會讓鸚鵡中毒的東西

●**植物**…黃金葛、花葉萬年青、美洲木棉、橡膠樹、常春藤、垂榕、仙客來、水仙、鈴蘭、鬱金香、杜鵑、繡球花、聖誕紅、秋海棠、風信子、非洲紫羅蘭等

●**金屬類**…窗簾下方的固定用配件、花窗玻璃、葡萄酒上的金屬箔、釣魚用的鉤子、繪畫用具的顏料管、首飾、鍍鋅的風鈴或鏈子等

●**其他**…洗衣粉、稀釋液、殺蟲劑、香菸的煙、芳香精油等

如果鸚鵡逃走的話

無論與鸚鵡多麼親近，都有逃走的可能

無論鸚鵡與飼主多麼親近，牠們都有可能逃走。因為鸚鵡作為自然界肉食性動物眼中的獵物，對於會威脅到自己的生物容易起疑心且特別敏感。當牠們感覺到危險時，習慣上最先做出的反應就是逃走。即便在房間內，感到受驚、害怕時，也會非常著急試圖逃跑。此時，因為牠們有可能會逃出，所以必須關緊門窗。放風時，也要注意將門窗牢牢緊閉，並細心注意。

避免讓鸚鵡逃走

放風時的注意事項

放風前，必須確定房間的門、窗戶是否緊閉。即便有紗窗，鸚鵡還是有可能會撞破紗窗，從網洞飛走或是直接將紗窗撞掉。請平日就要確認紗窗是否固定。希望鸚鵡不要飛到玄關的話，也要將房間的門緊閉。放風時若是有客人來訪，就將鸚鵡待的房間門確實關好。根據狀況，也可以暫時讓鸚鵡回到鳥籠裡。

看家時的注意事項

當飼主不在家時，鸚鵡可能會將鳥籠卡榫鬆開飛到外面。然後就有可能會飛出窗外，或是當飼主一回到家中、開門的瞬間，就從玄關飛出去。因此，可以用鳥籠鎖扣等扣住鳥籠。此外，為了不讓鸚鵡感到無聊，也可在鳥籠內放入一些玩具。

在鳥籠放飼料盆的地方先用鳥籠鎖扣扣上。

打掃鳥籠的注意事項

請不要讓鸚鵡待在鳥籠時，在屋外清理鳥籠。即便是在室內清理鳥籠，鸚鵡還是有可能會飛到鳥籠外，所以必須將房間的窗戶和門關好。

如果鸚鵡逃走的話

一邊呼喊鸚鵡的名字，一邊追趕

當鸚鵡飛出窗外後，可能會因為從未見過的景色而變得驚慌，因此飛到更遠的地方。此時，飼主可以朝著鸚鵡飛出去的方向，一邊呼喊牠的名字，一邊追趕。一般來說，鸚鵡大概飛至數十～數百公尺處就會暫時停下來。然後鸚鵡有可能在這時聽到飼主的聲音，並循著聲音的方向回到飼主身邊。而且鸚鵡聽到飼主的聲音，心情就會比較平復。若沒有回到飼主身邊的話，牠也會朝著人的聲音方向飛行，進而受到保護。

如果找不到鳥的話

到各相關單位、社群軟體詢問

首先，先到附近的警察局詢問。警察會將鸚鵡視為遺失物協尋3個月，根據每個警察局的轄區管理方式不同，並非所有警察的消息都會同步。而且也是有逃走的鸚鵡在隔壁縣市被發現的例子，所以可以的話，盡量大範圍以內的警察局都前往報案。其他像是寵物店、家居用品店、動物醫院、市區公所、衛生所等也有可能會先保管鸚鵡。有些會張貼告示，有些則不一定會公開，請直接前往相關單位確認。

另外，也可以將消息散播於推特、臉書等，有些走丟的鸚鵡因為有公布在網路上協尋的關係，才得以找回，且網路的話消息就能很快地被擴散。因此，若是能善用社群軟體的話，對於尋找走失寵物來說，是一個相當便利的方式。

有什麼爭嗎!?

封面攝影

千辛萬苦之

幕後花絮

好累……

�333

再次
更換選角

喔,好像可以!?

轉向一邊

更換選角

突然
打架!

啪~

太過正面

凝視

誒,那個~

〈椅子篇〉
你是哪位啊？
立刻吵架……
只好
更換選角
那個～
請別睡著～
ZZZ
好想睡……
ZZZ
〈手篇〉
好軟啊～
濱本醫生的手
又吵架了
膩了於是逃跑
呼～
好放鬆
濱本醫生的頭
於是終於
千辛萬苦的
結果……
封面完成！
鸚鵡飼育小百科

【日文版工作人員】

採訪・內文	小林雅子、村田弥生
攝影	松木 潤、佐山裕子、黒澤俊宏、柴田和宣、 福村美奈（主婦の友社攝影課）、 鈴木江実子、目 黒-MEGURO. 8-、森岡 篤、 阿部正之、三富和幸（DNPメディア・アート）
插畫	やのひろこ
裝訂・本文設計	澀谷明美（cima-coppi）
攝影協力	小沢知美、中山智瑛
負責編輯	松本可絵（主婦の友社）

鳥類專科獸醫監修！鸚鵡飼育小百科
從飼育、訓練到與鸚鵡相伴一生

2018年12月1日初版第一刷發行
2024年 3 月1日初版第六刷發行

監　　修　濱本麻衣
譯　　者　邱鈺萱
主　　編　楊瑞琳
特約編輯　黃琮軒
美術設計　黃盈捷
發 行 人　若森稔雄
發 行 所　台灣東販股份有限公司
＜地址＞台北市南京東路4段130號2F-1
＜電話＞(02)2577-8878
＜傳真＞(02)2577-8896
＜網址＞http://www.tohan.com.tw
郵撥帳號　1405049-4
法律顧問　蕭雄淋律師
總 經 銷　聯合發行股份有限公司
＜電話＞(02)2917-8022

國家圖書館出版品預行編目資料

鳥類專科獸醫監修!鸚鵡飼育小百科：從飼育、訓練到與鸚鵡相伴一生 / 濱本麻衣監修；邱鈺萱譯.
-- 初版. -- 臺北市：臺灣東販, 2018.12
192面；14.8×21公分
譯自：新版 インコの気持ちと飼い方がわかる本
ISBN 978-986-475-849-4 (平裝)

1.鸚鵡 2.寵物飼養

437.794　　107019061

TOHAN